U0169787

高等院校电子信息类专业系列教材

数字电子技术

主　编　郭占苗　杜永峰

副主编　吴文明　魏　明　王　强　周源源

参　编　王　婷　赵不贿　胡清泉　王勇刚

西安电子科技大学出版社

内 容 简 介

　　本书从应用的角度出发,系统地介绍了数字电子技术的基本概念、理论基础和基本分析方法。全书共 7 章,内容包括逻辑代数基础、逻辑门电路、组合逻辑电路、触发器、时序逻辑电路、脉冲波形的产生与整形电路及 D/A 和 A/D 转换器等,并由浅入深地引入了 6 个实训项目。另外,本书配有教学视频,适合翻转课堂的实施。

　　本书可作为高等院校电子信息类、通信技术类、计算机类、电气类等相关专业的教材,也可作为电子技术领域工程技术人员的参考书。

图书在版编目(CIP)数据

数字电子技术/郭占苗,杜永峰主编. 一西安:西安电子科技大学出版社,2022.5
ISBN 978 - 7 - 5606 - 6402 - 6

Ⅰ.①数…　Ⅱ.①郭…　②杜…　Ⅲ.①数字电子一电子技术一高等学校一教材
Ⅳ.① TN79

中国版本图书馆 CIP 数据核字(2022)第 061073 号

策　　划　李鹏飞
责任编辑　吴祯娥　李鹏飞
出版发行　西安电子科技大学出版社(西安市太白南路 2 号)
电　　话　(029)88202421　88201467　　邮　　编　710071
网　　址　www. xduph. com　　　　　　电子邮箱　xdupfxb001@163. com
经　　销　新华书店
印刷单位　咸阳华盛印务有限责任公司
版　　次　2022 年 5 月第 1 版　2022 年 5 月第 1 次印刷
开　　本　787 毫米×1092 毫米　1/16　印　张　15
字　　数　353 千字
印　　数　1~3000 册
定　　价　43.00 元
ISBN 978 - 7 - 5606 - 6402 - 6/TN

XDUP 6704001 - 1

前　　言

  数字电子技术是电子信息类专业的重要专业基础必修课，是进一步进行专业学习所必须掌握的基础课程知识。通过本课程的学习，可以掌握数字电子电路的基本概念、基本原理和基本分析方法，培养分析问题和解决问题的能力，同时了解电子电路发展方向和发展趋势，为后续课程的学习打下坚实基础。

  根据教学改革的要求，依据高等院校人才培养方案，我们编写了这本以能力培养为本位，以理论知识够用为度的数字电子技术教材，其中引入了实训环节，以突出理论应用于实践的特色，另外，本书配备了教学视频，具体可通过扫描对应的二维码获取，适合翻转课堂的实施。

  本书共7章：第1章是逻辑代数基础，介绍逻辑代数的基本概念、公式和定理，逻辑函数的表示方法以及化简；第2章是逻辑门电路，介绍分立元件门电路、TTL集成门电路和CMOS集成门电路的逻辑功能及电气特性；第3～5章是本课程的核心部分，即组合逻辑电路、触发器和时序逻辑电路；第6章是脉冲波形的产生与整形电路，介绍555定时器及其构成的脉冲单元电路；第7章是D/A和A/D转换器，介绍各类数/模和模/数转换器的组成及工作原理。全书章节内容编排合理、概念清晰、注重应用，具有很强的实用性。

  本书由苏州大学应用技术学院郭占苗、湛江科技学院杜永峰主编。第1、2、3、6章及第5章的5.4节和5.6节由郭占苗编写，第4、7章及第5章的5.5节和附录由杜永峰编写，第5章的5.1～5.3节由苏州大学应用技术学院吴文明、魏明、王强、周源源、王婷、胡清泉、王勇刚和江苏大学赵不赇共同编写，郭占苗负责全书统稿定稿工作。

  数字电子技术飞速发展，教学内容不断更新，限于编者的水平，书中难免存在疏漏之处，恳请读者批评指正。

编　者

2021年12月

目　　录

第1章　逻辑代数基础 ……………………………………………………………………… 1

1.1　概述 …………………………………………………………………………………… 1

　　1.1.1　数字电路的基本概念 …………………………………………………………… 1

　　1.1.2　数字电路的分类 ………………………………………………………………… 1

　　1.1.3　数字电路的特点 ………………………………………………………………… 2

1.2　数制与码制 …………………………………………………………………………… 2

　　1.2.1　数制 ……………………………………………………………………………… 2

　　1.2.2　不同进制间的转换 ……………………………………………………………… 5

　　1.2.3　码制 ……………………………………………………………………………… 7

1.3　逻辑代数基础 ………………………………………………………………………… 9

　　1.3.1　逻辑变量 ………………………………………………………………………… 9

　　1.3.2　基本逻辑运算 …………………………………………………………………… 9

　　1.3.3　常用复合逻辑运算 ……………………………………………………………… 11

1.4　逻辑代数的定律及规则 ……………………………………………………………… 13

　　1.4.1　逻辑代数的基本定律 …………………………………………………………… 13

　　1.4.2　逻辑代数的基本规则 …………………………………………………………… 14

1.5　逻辑函数及其表示方法 ……………………………………………………………… 15

　　1.5.1　逻辑函数的建立 ………………………………………………………………… 15

　　1.5.2　逻辑函数的表示方法 …………………………………………………………… 16

1.6　逻辑函数的化简 ……………………………………………………………………… 18

　　1.6.1　逻辑函数的常见形式 …………………………………………………………… 18

　　1.6.2　代数法化简 ……………………………………………………………………… 19

　　1.6.3　卡诺图法化简 …………………………………………………………………… 20

本章小结 ……………………………………………………………………………………… 23

习题 1 ………………………………………………………………………………………… 24

第2章　逻辑门电路 ……………………………………………………………………… 26

2.1　概述 …………………………………………………………………………………… 26

2.2　分立元件门电路 ……………………………………………………………………… 26

　　2.2.1　二极管门电路 …………………………………………………………………… 26

　　2.2.2　三极管非门电路 ………………………………………………………………… 28

2.3　TTL 集成门电路 ……………………………………………………………………… 29

　　2.3.1　TTL 与非门 ……………………………………………………………………… 29

　　2.3.2　TTL 逻辑门的电路特性与参数 ………………………………………………… 31

　　2.3.3　TTL 集电极开路门和三态门 …………………………………………………… 35

　　2.3.4　其他 TTL 逻辑门电路 …………………………………………………………… 39

　　2.3.5　TTL 电路产品系列 ……………………………………………………………… 39

    2.3.6　TTL 集成逻辑门电路使用注意事项 ·················· 40
  2.4　COMS 集成门电路 ··· 41
    2.4.1　CMOS 门电路 ·· 41
    2.4.2　CMOS 数字集成电路系列及注意事项 ············· 44
  2.5　TTL 电路与 COMS 电路的接口 ·························· 45
  2.6　实训——产品质量检测仪的设计与制作 ·············· 46
  本章小结 ··· 48
  习题 2 ··· 48

第 3 章　组合逻辑电路 ··· 51
  3.1　概述 ··· 51
  3.2　组合逻辑电路的分析方法和设计方法 ················· 51
    3.2.1　组合逻辑电路的分析方法 ······················· 51
    3.2.2　组合逻辑电路的设计方法 ······················· 54
  3.3　集成组合逻辑电路 ··· 56
    3.3.1　编码器 ··· 57
    3.3.2　译码器 ··· 62
    3.3.3　数据选择器和数据分配器 ······················· 70
    3.3.4　加法器 ··· 74
    3.3.5　数值比较器 ·· 79
  3.4　组合逻辑电路中的竞争与冒险 ·························· 81
    3.4.1　竞争-冒险现象 ······································ 81
    3.4.2　冒险现象的判断方法 ······························ 82
    3.4.3　竞争-冒险现象的消除方法 ······················· 83
  3.5　实训——八路抢答器的设计与仿真 ···················· 83
  本章小结 ··· 85
  习题 3 ··· 86

第 4 章　触发器 ··· 90
  4.1　概述 ··· 90
  4.2　基本 RS 触发器 ·· 90
    4.2.1　与非门组成的基本 RS 触发器 ·················· 90
    4.2.2　或非门组成的基本 RS 触发器 ·················· 92
  4.3　同步触发器 ··· 93
    4.3.1　同步 RS 触发器 ···································· 93
    4.3.2　同步 D 触发器 ····································· 96
    4.3.3　同步 JK 触发器 ···································· 98
  4.4　无空翻触发器 ·· 100
    4.4.1　主从 RS 触发器 ···································· 100
    4.4.2　主从 JK 触发器 ···································· 101
    4.4.3　边沿触发器 ·· 103
    4.4.4　主从触发器与边沿触发器比较 ·················· 104
  4.5　T 触发器和 T′ 触发器 ······································ 105

4.5.1　T触发器和T'触发器 ··· 105

4.5.2　触发器逻辑功能转换 ··· 106

4.6　集成触发器 ·· 107

4.6.1　集成边沿D触发器 ·· 107

4.6.2　集成边沿JK触发器 ··· 108

4.7　实训——流水灯的设计与仿真 ··· 108

本章小结 ··· 110

习题4 ··· 110

第5章　时序逻辑电路 ··· 114

5.1　概述 ··· 114

5.1.1　时序逻辑电路的组成 ··· 114

5.1.2　时序逻辑电路的分类 ··· 114

5.1.3　时序逻辑电路功能的描述方法 ··· 115

5.2　时序逻辑电路的分析 ·· 115

5.3　计数器 ·· 119

5.3.1　计数器分类 ··· 119

5.3.2　二进制计数器 ·· 119

5.3.3　十进制计数器 ·· 127

5.3.4　N进制计数器 ·· 130

5.4　寄存器 ·· 134

5.4.1　数码寄存器 ··· 135

5.4.2　移位寄存器 ··· 136

5.5　时序逻辑电路的设计 ·· 143

5.5.1　时序逻辑电路设计步骤 ·· 143

5.5.2　同步时序逻辑电路设计举例 ·· 144

5.6　实训——数字电子钟的设计与制作 ·· 148

本章小结 ··· 155

习题5 ··· 155

第6章　脉冲波形的产生与整形电路 ··· 157

6.1　概述 ··· 157

6.2　555定时器 ··· 158

6.2.1　555定时器的基本概念 ··· 158

6.2.2　555定时器电路组成及其功能 ··· 159

6.3　施密特触发器 ·· 161

6.3.1　由门电路构成的施密特触发器 ·· 161

6.3.2　由555定时器构成的施密特触发器 ··· 163

6.3.3　集成施密特触发器 ·· 164

6.3.4　施密特触发器的应用 ··· 165

6.4　多谐振荡器 ·· 167

6.4.1　由门电路构成的多谐振荡器 ·· 167

6.4.2　石英晶体多谐振荡器 ··· 168

        6.4.3 由 555 定时器构成的多谐振荡器 ·· 169
    6.5 单稳态触发器 ··· 170
        6.5.1 由门电路构成的单稳态触发器 ··· 170
        6.5.2 由 555 定时器构成的单稳态触发器 ··· 172
        6.5.3 集成单稳态触发器 ··· 174
        6.5.4 单稳态触发器的应用 ··· 176
    6.6 实训——彩灯控制器的设计与制作 ·· 177
    本章小结 ··· 178
    习题 6 ·· 179

第 7 章 D/A 和 A/D 转换器 ··· 181
    7.1 概述 ··· 181
    7.2 D/A 转换器 ··· 182
        7.2.1 D/A 转换器的基本原理 ·· 182
        7.2.2 权电阻网络 D/A 转换器 ··· 182
        7.2.3 倒 T 型电阻网络 D/A 转换电路 ··· 183
        7.2.4 集成 D/A 转换器 ··· 185
        7.2.5 D/A 转换器的主要技术指标 ·· 187
    7.3 A/D 转换器 ··· 188
        7.3.1 A/D 转换器的基本原理 ·· 188
        7.3.2 并行比较型 A/D 转换器 ··· 191
        7.3.3 逐次逼近型 A/D 转换器 ··· 193
        7.3.4 双积分型 A/D 转换器 ··· 194
        7.3.5 集成 A/D 转换器 ··· 196
        7.3.6 A/D 转换器的主要技术指标 ·· 199
    7.4 实训——$3\frac{1}{2}$ 位直流数字电压表的设计 ··· 199
    本章小结 ··· 204
    习题 7 ·· 206

附录 Ⅰ 常用基本逻辑单元国际符号与非国际符号对照表 ······································ 208

附录 Ⅱ 半导体集成电路型号命名方法 ·· 211

附录 Ⅲ 常用 TTL 中小规模集成电路产品型号索引 ··· 214

附录 Ⅳ 常用集成电路引脚排列 ·· 217

参考答案 ·· 231

参考文献 ·· 232

第 1 章 逻辑代数基础

本章首先介绍数字电路的基本概念、分类及特点，然后介绍数制、不同进制之间的转换及码制，最后介绍逻辑代数与逻辑函数。

1.1 概　　述

逻辑代数基础(1)

自然界的各种物理量可分为模拟量和数字量两大类。模拟量在时间上连续取值，幅值上也是连续变化的，表示模拟量的信号称为模拟信号，处理模拟信号的电子电路称为模拟电路。数字量是在一系列离散的时刻取值，数值的大小和每次的增减都是量化单位的整数倍，即它们是一系列时间离散、数值也离散的信号。表示数字量的信号称为数字信号。处理数字信号的电子电路称为数字电路。

1.1.1 数字电路的基本概念

根据所处理信息的不同，电子电路通常分为模拟电路和数字电路。模拟信号指在时间上和幅度上都连续变化的信号，其波形如图 1-1(a)所示。传递、处理模拟信号的电子电路称为模拟电路。数字信号指自变量是离散的、因变量也是离散的信号，这种信号的自变量用整数表示，因变量用有限数字中的一个数字来表示，其波形如图 1-1(b)所示。在计算机中，数字信号的大小常用有限位的二进制数表示。对数字信号进行传输、加工和处理的电子电路称为数字电路。

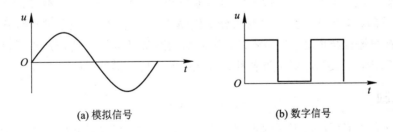

(a) 模拟信号　　　　　　　　　　(b) 数字信号

图 1-1　模拟信号和数字信号

1.1.2 数字电路的分类

依据不同的分类方法，数字电路通常分为以下几种类型：

(1) 根据集成度的不同，数字电路可分为小规模集成电路(SSI)、中规模集成电路(MSI)、大规模集成电路(LSI)、超大规模集成电路(VLSI)、甚大规模集成电路(ULSI)和巨大规模集成电路(GLSI)，如表 1-1 所示。

（2）根据器件制造工艺的不同，数字电路可分为双极型集成电路和单极型集成电路。

（3）根据电路结构和工作原理的不同，可分为组合逻辑电路和时序逻辑电路。

表 1 - 1　数字集成电路器件的分类

分类	集成度 （逻辑门的数量）	数字集成电路
小规模集成电路(SSI)	<10	逻辑门、触发器
中规模集成电路(MSI)	$10\sim100$	计数器、加法器、寄存器和译码器
大规模集成电路(LSI)	$100\sim10\,000$	小型存储器、门阵列
超大规模集成电路(VLSI)	$10^4\sim10^6$	大型存储器、微处理器
甚大规模集成电路(ULSI)	10^6 以上	可编程逻辑器件、多功能 专用集成电路

1.1.3　数字电路的特点

与模拟电路相比，数字电路有以下特点：

（1）研究对象：输出信号与输入信号之间的对应逻辑关系。

（2）分析工具：逻辑代数。

（3）数字信号：只有高电平和低电平两个取值。

（4）电子器件的工作状态：导通（开）、截止（关）。

（5）主要优点：便于高度集成化，工作可靠性高，抗干扰能力强，保密性好等。

1.2　数制与码制

现在的数字电路系统中，一般都使用二进制数表示数字信号。而在日常生活中，人们则习惯用十进制数，故在向数字电路系统提供输入信息时，需要把十进制数转换成二进制数；当数字系统运行结束时，又需要将二进制数表示的处理结果转换成十进制数。为了实现信息交换和传输，我们需要了解各种数制之间的转换及不同的编码方式。

1.2.1　数制

任何一个数，都可以用不同的进制来表示。在日常生活中，人们习惯用十进制，而在计算机、微处理器、数字电路中广泛使用的是二进制。但用二进制表示时，所需位数太多，不太方便，所以有时也常用十六进制和八进制。

按进位的原则进行计数的方式称为进位计数制，简称数制。无论哪种数制，其计数和运算都有共同的规律和特点，即逢 N 进一和位权表示。逢 N 进一，N 是指数制中所有的数字字符的总个数，称为基数；位权表示中的位权是指一个数字在某个固定位置上所代表的值，处在不同位置上的数字所代表的值不同，位置决定了数字的值或者位权。位权和基数的关系是：位权的值是基数的若干次幂。位权和基数是进位制的两个基本要素。无论哪种进位计数制，一个数值都可以由以下表达式表示：

$$(N)_J = \sum_{i=-\infty}^{+\infty} K_i \times J^i \qquad (1-1)$$

式中，$(N)_J$ 表示 J 进制数，K_i 是第 i 位的系数，可供选用的码数为 J 个，J^i 是第 i 位的权。J 为进位制基数，计数规律是"逢 J 进一"。十、二、八、十六进制数常用字母 D、B、O、H 等表示，也可用数字 10、2、8、16 表示。

1. 十进制数

十进制是人们最常用的计数体制，它采用 0、1、2、3、4、5、6、7、8、9 共 10 个数码，任何一个十进制数都可以用上述 10 个数码按一定规律排列起来表示数值的大小。十进制以 10 为基数，当数值超过 9 就要向高位进位，其计数规律是"逢十进一"。十进制的数码处于不同的位置时，它所表示的数值也不相同。其数值表达式为

$$(N)_D = \sum_{i=-\infty}^{+\infty} K_i \times 10^i \qquad (K_i = 0, 1, 2, 3, \cdots, 9) \qquad (1-2)$$

式中，$(N)_D$ 表示十进制数，K_i 是第 i 位的十进制数码，基数（数制的数码个数）是 10，10^i 是第 i 位十进制数码的权。

例 1-1　将十进制数 $(62.75)_D$ 展开为数码与权之积的和式。

解　$(62.75)_D = 6 \times 10^1 + 2 \times 10^0 + 7 \times 10^{-1} + 5 \times 10^{-2}$

2. 二进制数

在数字电路中应用最广泛的是二进制，因为构成计数电路的基本思想是把电路的状态与数码对应起来，十进制数需要 10 个数码，要找到区分 10 种状态的器件与之对应，是十分困难的，但要找到能够区分两种状态的器件就很多，例如，灯泡的亮与灭、开关的接通与断开、晶体管的饱和与截止等。二进制中每位由 0 和 1 两个数码按一定规律组成，计数的基数是 2，计数规律是"逢二进一"，即 $1+1=10$（读作"壹零"）。二进制各位的权为 2 的幂。其数值表达式为

$$(N)_B = \sum_{i=-\infty}^{+\infty} K_i \times 2^i \qquad (K_i = 0, 1) \qquad (1-3)$$

式中，$(N)_B$ 表示二进制数，K_i 是第 i 位的二进制数码，基数（数制的数码个数）是 2，2^i 是第 i 位二进制数码的权。

例 1-2　将二进制数 $(11.01)_B$ 展开为数码与权之积的和式。

解　$(11.01)_B = 1 \times 2^1 + 1 \times 2^0 + 0 \times 2^{-1} + 1 \times 2^{-2}$

二进制数的运算规则如下：

加法：

$$0+0=0, 0+1=1, 1+0=1, 1+1=10$$

乘法：

$$0\times0=0, 0\times1=0, 1\times0=0, 1\times1=1$$

通过如上叙述可知，二进制数比较简单，只有 0 和 1 两个数码，并且算术运算也很简单，所以二进制数在数字电路中获得广泛应用。但是二进制数也有缺点，用二进制表示一个数时，位数多，读写不方便，而且也难记忆。

3. 八进制数

八进制是一种以 8 为基数的计数法，由 0、1、2、3、4、5、6、7 八个数码按照一定规律组成，计数规律是"逢八进一"。八进制数各位的权为 8 的幂。其数值表达式为

$$(N)_O = \sum_{i=-\infty}^{+\infty} K_i \times 8^i \qquad (K_i = 0,1,2,3,4,5,6,7) \qquad (1-4)$$

式中，$(N)_O$ 表示八进制数，K_i 是第 i 位的八进制数码，基数（数制的数码个数）是 8，8^i 是第 i 位八进制数码的权。

例 1-3 将八进制数 $(76.32)_O$ 展开为数码与权之积的和式。

解 $(76.32)_O = 7 \times 8^1 + 6 \times 8^0 + 3 \times 8^{-1} + 2 \times 8^{-2}$

4. 十六进制数

十六进制是计算机中数据的一种表示方法，它由 0~9 和 A~F 组成（字母不区分大小写），其中十六进制中的 A~F 对应十进制的 10~15；N 进制的数可以用 0~$(N-1)$ 的数表示，超过 9 的数用字母 A~F 表示，计数规律是"逢十六进一"。十六进制数各位的权为 16 的幂。其数值表达式为

$$(N)_H = \sum_{i=-\infty}^{+\infty} K_i \times 16^i \qquad (K_i = 0,1,2,3,4,5,6,7,8,9,A,B,C,D,E,F)$$

$$(1-5)$$

式中，$(N)_H$ 表示十六进制数，K_i 是第 i 位的十六进制数码，基数（数制的数码个数）是 16，16^i 是第 i 位十六进制数码的权。

例 1-4 将十六进制数 $(3A.E)_H$ 展开为数码与权之积的和式。

解 $(3A.E)_H = 3 \times 16^1 + 10 \times 16^0 + 14 \times 16^{-1}$

十进制数与二进制数、八进制数、十六进制数之间的对应关系，如表 1-2 所示。

表 1-2 几种数制对照表

十进制数	二进制数	八进制数	十六进制数
0	0000	0	0
1	0001	1	1
2	0010	2	2
3	0011	3	3
4	0100	4	4
5	0101	5	5
6	0110	6	6
7	0111	7	7
8	1000	10	8

续表

十进制数	二进制数	八进制数	十六进制数
9	1001	11	9
10	1010	12	A
11	1011	13	B
12	1100	14	C
13	1101	15	D
14	1110	16	E
15	1111	17	F
16	10000	20	10

1.2.2　不同进制间的转换

十进制是人们日常生活中惯用的计数体制，二进制是数字电路中使用的计数体制，而八进制和十六进制则是在数字电路中辅助二进制计数所用的计数体制。十进制、二进制、八进制和十六进制使用的场合不同，可以利用其特点进行相互转换。

1. 二进制、八进制、十六进制数转换为十进制数

将一个二进制、八进制或十六进制数转换成十进制数，只要写出该进制数的按权展开式，然后按十进制数的计数规律相加，就可得所求的十进制数。

例 1-5　将二进制数$(1110.011)_B$转换成十进制数。

解　$(1110.011)_B = 1 \times 2^3 + 1 \times 2^2 + 1 \times 2^1 + 0 \times 2^0 + 0 \times 2^{-1} + 1 \times 2^{-2} + 1 \times 2^{-3}$

$= (14.375)_D$

例 1-6　将八进制数$(123)_O$转换成十进制数。

解　$(123)_O = 1 \times 8^2 + 2 \times 8^1 + 3 \times 8^0 = (83)_D$

例 1-7　将十六进制数$(6C.E)_H$转换成十进制数。

解　$(6C.E)_H = 6 \times 16^1 + 12 \times 16^0 + 14 \times 16^{-1} = (108.875)_D$

2. 十进制转换为二进制、八进制、十六进制

转换的方法为将整数部分采用"除基取余"法，将得到的余数由低至高排列；小数部分采用"乘基取整"法，将得到的整数由高至低排列。

例 1-8　将十进制数$(53.875)_D$分别转换为二进制数、八进制数、十六进制数。

解　首先将$(53.875)_D$转换为二进制数：整数部分转换采用"除 2 取余"法，直至商为 0 为止，第一个余数为二进制数的最低位，最后一个余数为二进制数的最高位，逆序排列得 110101。小数部分转换采用"乘 2 取整"法，即将小数部分连续乘以 2，直到积为 0 或者达到所需精度为止，顺序排列得 111。具体转换如下：

取余

$$
\begin{array}{r|l l l}
2 & 53 & \cdots\cdots\cdots & 1 \quad 低位 \\
2 & 26 & \cdots\cdots\cdots & 0 \\
2 & 13 & \cdots\cdots\cdots & 1 \\
2 & 6 & \cdots\cdots\cdots & 0 \\
2 & 3 & \cdots\cdots\cdots & 1 \\
2 & 1 & \cdots\cdots\cdots & 1 \quad 高位 \\
& 0
\end{array}
$$

$$
\begin{array}{r}
0.875 \\
\times \quad 2 \qquad 取整 \\
\hline
1.750 \quad \cdots\cdots\cdots \quad 1 \quad 高位 \\
0.750 \\
\times \quad 2 \\
\hline
1.500 \quad \cdots\cdots\cdots \quad 1 \\
0.500 \\
\times \quad 2 \\
\hline
1.000 \quad \cdots\cdots\cdots \quad 1 \quad 低位
\end{array}
$$

故将 $(53.875)_D$ 转换为二进制数的转换结果为

$$(53.875)_D = (110101.111)_B$$

其次将 $(53.875)_D$ 转换为八进制数：整数部分转换采用"除 8 取余"法，逆序排列得 65，小数部分转换采用"乘 8 取整"，顺序排列得 7。具体转换如下：

取余

$$
\begin{array}{r|l l l}
8 & 53 & \cdots\cdots\cdots & 5 \quad 低位 \\
8 & 6 & \cdots\cdots\cdots & 6 \quad 高位 \\
& 0
\end{array}
$$

$$
\begin{array}{r}
0.875 \\
\times \quad 8 \qquad 取整 \\
\hline
7.000 \quad \cdots\cdots\cdots \quad 7 \quad 高位 \\
\\
低位
\end{array}
$$

故将 $(53.875)_D$ 转换为八进制数的转换结果为

$$(53.875)_D = (65.7)_O$$

最后将 $(53.875)_D$ 转换为十六进制数：整数部分转换采用"除 16 取余"法，逆序排列得 35，小数部分转换采用"乘 16 取整"法，顺序排列得 E。具体转换如下：

取余

$$16 \overline{\smash{\big)}\, 53} \quad \cdots\cdots\cdots\cdots \quad 5 \uparrow \text{低位}$$

$$16 \overline{\smash{\big)}\, 3} \quad \cdots\cdots\cdots\cdots \quad 3 \;\; \text{高位}$$

$$0$$

$$\begin{array}{r} 0.875 \\ \times\ 16 \\ \hline 14.000 \end{array} \quad \text{取整} \quad \cdots\cdots\cdots\cdots \quad E \left| \begin{array}{l} \text{高位} \\ \\ \text{低位} \end{array} \right. \downarrow$$

故将 $(53.875)_D$ 转换为十六进制数的转换结果为

$$(53.875)_D = (35.E)_H$$

3. 二进制数与八进制数、十六进制数之间的相互转换

八进制数和十六进制数的基数分别为 $8 = 2^3$，$16 = 2^4$，所以 3 位二进制数恰好相当 1 位八进制数，4 位二进制数相当 1 位十六进制数，它们之间的相互转换是很方便的。

二进制数转换成八进制数的方法是从小数点开始，分别向左、向右将二进制数按每 3 位一组分组(不足 3 位的补 0)，然后写出每一组等值的八进制数。将二进制数转换成十六进制与此相似，按 4 位分组即可。

例 1 - 9　将二进制数 $(01101111010.1011)_B$ 转换为八进制数和十六进制数。

解　二进制数：$\underline{001}\ \underline{101}\ \underline{111}\ \underline{010}.\ \underline{101}\ \underline{100}$

八进制数：　　1　　5　　7　　2.　5　　4

故　　　　　　　　　　　$(01101111010.1011)_B = (1572.54)_O$

二进制数：$\underline{0011}\ \underline{0111}\ \underline{1010}.\underline{1011}$

十六进制数：3　　　7　　　A.　　B

故　　　　　　　　　　　$(01101111010.1011)_B = (37A.B)_H$

1.2.3　码制

在数字系统中，由 0 和 1 组成的二进制数不仅可以表示数值的大小，还可以用来表示特定的信息。用二进制数来表示一些具有特定含义信息的方法称为编码，用不同表示形式可以得到多种不同的编码，这就是码制。例如，用 4 位二进制数表示 1 位十进制数，称为二-十进制代码。常用的编码有二-十进制 BCD 码、格雷码和 ASCII 码等。

1. 二-十进制代码

二-十进制代码，又称 BCD (Binary Coded Decimal)码，是指用 4 位二进制数组成的一组代码，可用来表示 0~9 十个数字。4 位二进制代码由 $2^4 = 16$ 种状态组成，从中取出 10 种组合表示 0~9 十个数字可以有多种方式，因此 BCD 码有多种。几种常用的二-十进制代码见表 1 - 3。

表 1 - 3　几种常用的 BCD 码

代码种类 十进制	8421 码	2421 码	5211 码	余 3 码(无权码)
0	0000	0000	0000	0011
1	0001	0001	0001	0100
2	0010	0010	0100	0101
3	0011	0011	0101	0110
4	0100	0100	0111	0111
5	0101	1011	1000	1000
6	0110	1100	1001	1001
7	0111	1101	1100	1010
8	1000	1110	1101	1011
9	1001	1111	1111	1100
权	8421	2421	5211	

最常用的是 8421BCD 码,将十进制数的每一位用一个 4 位二进制数来表示,这个 4 位二进制数每一位的权从高位到低位分别是 8、4、2、1,由此规则构成的码称为 8421BCD码。例如,$(56)_D = (01010110)_{8421BCD}$。

对于 2421 码和 5211 码而言,若将每个代码也看作是 4 位二进制数,不过自左而右每位的 1 分别代表 2、4、2、1 和 5、2、1、1,则与每个代码等值的十进制数恰好就是它表示的十进制数。其中,2421 码中 0~9 的代码、1 和 8 的代码、2 和 7 的代码、3 和 6 的代码、4和 5 的代码均互为反码(即代码中每一位 0 和 1 的状态正好相反)。

余 3 码是一种无权码,即每一位的 1 没有固定的权相对应。如果仍将每个代码视为 4位二进制数,且自左而右每位的 1 分别为 8、4、2 和 1,则等值的十进制数比它所表示的十进制数多 3,故称余 3 码。

2. 格雷码

格雷码又称循环码,是在检测和控制系统中常用的一种代码。它的特点是相邻两个代码之间仅有一位不同,其余各位均相同。计数电路按格雷码计数时,每次状态仅仅变化一位代码,降低了出错的可能性。格雷码属于无权码,它有多种代码形式,其中最常用的一种是循环码。4 位格雷码的编码见表 1 - 4。

表 1 - 4　4 位格雷码的编码

十进制数	二进制数	循环码	十进制数	二进制数	循环码
0	0000	0000	8	1000	1100
1	0001	0001	9	1001	1101
2	0010	0011	10	1010	1111
3	0011	0010	11	1011	1110
4	0100	0110	12	1100	1010
5	0101	0111	13	1101	1011
6	0110	0101	14	1110	1001
7	0111	0100	15	1111	1000

1.3　逻辑代数基础

逻辑代数是从哲学领域中的逻辑学发展而来的,人们使用了一套有效的符号来构造逻辑思维的数学模型,进而将复杂的逻辑问题抽象为一种简单的符号演算。这一理论最先由莱布尼茨提出来,乔治·布尔总结了前人研究成果,于 1847 年在他的著作中对该理论进行了系统的论述,故这一理论也被称为"布尔代数"。1938 年,克劳德·香农将布尔代数应用于电话继电器的开关电路,提出了"开关代数"。随着电子技术的发展,集成电路逻辑门已经取代了机械触点开关,为了与"逻辑门"这一术语相适应,人们更习惯于把开关代数称为逻辑代数。目前,逻辑代数已经成为研究数字系统不可缺少的重要数学工具。

1.3.1　逻辑变量

逻辑代数中也是采用字母变量。在普通代数中,变量的取值是任意实数,而逻辑代数是一种二值代数系统,任何逻辑变量的取值只有两种可能性——"0"或"1"。这里的"0"或"1"不像普通代数那样具有数量的概念,而是一种逻辑值,用来表征矛盾的双方,或两种对立的

逻辑代数基础(2)

状态,也可表征事物的是与非,它是形式符号,并无大小和正负之分。在数字系统中,开关的连通与断开,晶体管的导通与截止,电压的高与低,信号的有与无等都可以用逻辑 0 与逻辑 1 来表示。规定高电平为逻辑 1、低电平为逻辑 0 时是正逻辑体制;低电平为逻辑 1、高电平为逻辑 0,则为负逻辑体制。通常未加说明,则为正逻辑体制。本书采用正逻辑体制。

1.3.2　基本逻辑运算

逻辑代数的基本运算只有 3 种,即"与""或""非"。这 3 种基本运算反映了逻辑电路中3 种最基本的逻辑关系,其他任何复杂的逻辑关系都可以由这 3 种最基本的逻辑关系运算来实现的。

1. "与"运算

对于某一逻辑问题,只有当决定某件事情的多个条件全部具备之后,这件事情才会发生。我们把这种因果关系称为"与"逻辑,二输入与逻辑的逻辑符号如图1-2所示。

"与"运算的逻辑真值表如表1-5所示。若用逻辑表达式来描述,则可写为

$$Y = A \cdot B \quad 或 \quad Y = AB \quad\quad (1-6)$$

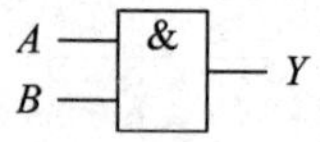

图1-2 "与"逻辑符号

"与"运算的规则为"输入有0,输出为0;输入全1,输出为1",即

$$0 \cdot 0 = 0 \quad\quad\quad 1 \cdot 0 = 0$$
$$0 \cdot 1 = 0 \quad\quad\quad 1 \cdot 1 = 1$$

"与"运算也可以推广到多变量:

$$Y = A \cdot B \cdot C \cdot D \cdots$$

表 1-5 "与"运算真值表

A	B	Y
0	0	0
0	1	0
1	0	0
1	1	1

2. "或"运算

对于某一逻辑问题,当决定一件事情发生的多个条件中,只要有一个或一个以上条件具备,这件事情就会发生。我们把这种因果关系称为"或"逻辑,二输入或逻辑符号如图1-3所示。

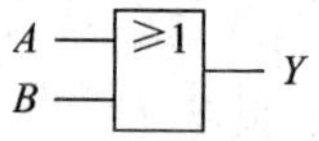

图1-3 "或"逻辑符号

"或"运算的逻辑真值表如表1-6所示。若用逻辑表达式来描述,则可写为

$$Y = A + B \quad\quad\quad\quad\quad (1-7)$$

"或"运算的规则为"输入有1,输出为1,输入全0,输出为0",即

$$0 + 0 = 0 \quad\quad\quad 1 + 0 = 1$$
$$0 + 1 = 1 \quad\quad\quad 1 + 1 = 1$$

"或"运算也可以推广到多变量:

$$Y = A + B + C + D + \cdots$$

表 1-6 "或"运算真值表

A	B	Y
0	0	0
0	1	1
1	0	1
1	1	1

3."非"运算

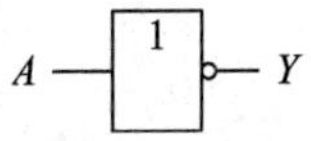

对于某一逻辑问题,如果某事件的发生取决于条件的否定,即事件的发生与发生条件之间构成矛盾,我们把这种因果关系称为"非"逻辑,"非"逻辑符号如图 1-4 所示。

图 1-4　"非"逻辑符号

"非"运算的逻辑真值表如表 1-7 所示。若用逻辑表达式来描述,则可写为

$$Y = \overline{A} \tag{1-8}$$

"非"运算的规则为"输入为 0,输出为 1;输入为 1,输出为 0",即

$$\overline{0} = 1 \quad \overline{1} = 0$$

表 1-7　"非"运算真值表

A	Y
0	1
1	0

1.3.3　常用复合逻辑运算

任何复杂的逻辑运算都可以由上述这三种基本逻辑运算组合而成。在实际应用中为了减少逻辑门的数目,使数字电路的设计更方便,还可使用其他几种常用逻辑运算。

1."与非"运算

"与非"运算是由"与"运算和"非"运算组合而成的,其逻辑表达式为

$$Y = \overline{AB} \tag{1-9}$$

其逻辑符号如图 1-5 所示,运算顺序是先与后非。其真值表如表 1-8 所示,由表 1-8 可见,其功能可概括为"若有 0 出 1,若全 1 出 0"。

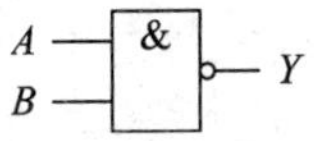

表 1-8　"与非"运算真值表

A	B	Y
0	0	1
0	1	1
1	0	1
1	1	0

图 1-5　"与非"逻辑符号

2."或非"运算

"或非"运算是由"或"运算和"非"运算组合而成的,其逻辑表达式为

$$Y = \overline{A + B} \tag{1-10}$$

其逻辑符号如图 1-6 所示,运算顺序是先或后非,其真值表如表 1-9 所示。由表 1-9 可见,其功能可概括为"若有 1 出 0,若全 0 出 1"。

表 1-9 "与非"运算真值表

A	B	Y
0	0	1
0	1	0
1	0	0
1	1	0

图 1-6 "或非"逻辑符号

3. "与或非"逻辑运算

"与或非"逻辑运算是由"与"逻辑、"或"逻辑和"非"逻辑这 3 种逻辑运算复合而成的,其逻辑表达式为

$$Y = \overline{AB + CD} \qquad (1-11)$$

其逻辑符号如图 1-7 所示,运算顺序是先与后或再非。

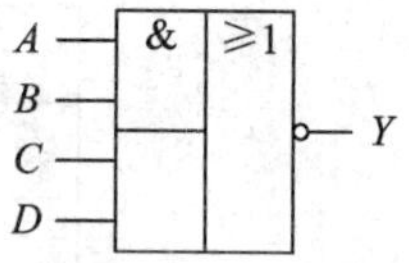

图 1-7 "与或非"逻辑符号

4. "异或"运算

"异或"运算是指当两个变量取值相同时,逻辑函数值为 0;当两个变量取值不同时,逻辑函数值为 1,其逻辑表达式为

$$Y = A\overline{B} + \overline{A}B = A \oplus B \qquad (1-12)$$

其逻辑符号如图 1-8 所示,真值表如表 1-10 所示。由表 1-10 可见,其功能可概括为"若相异出 1,若相同出 0"。同样,"异或"逻辑运算也可以扩展为多个变量。

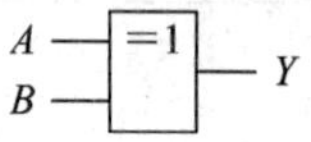

表 1-10 "异或"运算真值表

A	B	Y
0	0	0
0	1	1
1	0	1
1	1	0

图 1-8 "异或"逻辑符号

5. "同或"运算

"同或"运算是指当两个变量取值相同时,逻辑函数值为 1;当两个变量取值不同时,逻辑函数值为 0,其逻辑表达式为

$$Y = AB + \overline{A}\,\overline{B} = A \odot B \qquad (1-13)$$

其逻辑符号如图 1-9 所示,真值表如表 1-11 所示。由表 1-11 可见,其功能可概括为"若相同出 1,若相异出 0"。

表 1-11 "同或"运算真值表

A	B	Y
0	0	1
0	1	0
1	0	0
1	1	1

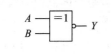

图 1-9 "同或"逻辑符号

注意：异或和同或互为反函数，即 $A \oplus B = \overline{A \odot B}$，$A \odot B = \overline{A + B}$。

1.4 逻辑代数的定律及规则

逻辑代数是一个封闭的代数系统，它与普通代数一样，有一套完整的运算规则，包括公理、定理和定律，用它们对逻辑函数式进行处理，可以完成对电路的化简、变换、分析与设计。

1.4.1 逻辑代数的基本定律

逻辑代数有 9 个基本定律，表 1-12 中列举了这 9 个定律，其中有的定律和普通代数相似，有的定律和普通代数不同，使用时切勿混淆。

逻辑代数的定律及规则

表 1-12 逻辑代数的基本公式

名　　称	公式 1	公式 2
0-1 律	$A \cdot 1 = A$ $A \cdot 0 = 0$	$A + 1 = 1$ $A + 0 = A$
互补律	$A\overline{A} = 0$	$A + \overline{A} = 1$
重叠律	$AA = A$	$A + A = A$
交换律	$AB = BA$	$A + B = B + A$
结合律	$A(BC) = (AB)C$	$A + (B + C) = (A + B) + C$
分配律	$A(B + C) = AB + AC$	$A + BC = (A + B)(A + C)$
反演律（摩根定律）	$\overline{AB} = \overline{A} + \overline{B}$	$\overline{A + B} = \overline{A}\,\overline{B}$
吸收律	$A(A + B) = A$ $A(\overline{A} + \overline{B}) = AB$ $(A + B)(\overline{A} + C)(B + C) = (A + B)(\overline{A} + C)$	$A + AB = A$ $A + \overline{A}B = A + B$
还原律	$\overline{\overline{A}} = A$	$AB + \overline{A}C + BC = AB + \overline{A}C$

表中较复杂的公式可以用其他更简单的公式来证明。

例 1-10　证明吸收律 $A + \overline{A}B = A + B$。

证明：$A+\overline{A}B=A(B+\overline{B})+\overline{A}B=AB+A\overline{B}+\overline{A}B=AB+AB+A\overline{B}+\overline{A}B$
$$=A(B+\overline{B})+B(A+\overline{A})=A+B$$

表 1-12 中的公式还可以用真值表来证明，即检验等式两边函数的真值表是否一致。

例 1-11 用真值表证明反演律 $\overline{AB}=\overline{A}+\overline{B}$ 和 $\overline{A+B}=\overline{A}\,\overline{B}$。

证明：分别列出两公式等号两边的真值表即可得证，如表 1-13 和表 1-14 所示。

表 1-13 反演律 $\overline{AB}=\overline{A}+\overline{B}$

A	B	$\overline{AB}$	$\overline{A}+\overline{B}$
0	0	1	1
0	1	1	1
1	0	1	1
1	1	0	0

表 1-14 反演律 $\overline{A+B}=\overline{A}\,\overline{B}$

A	B	$\overline{A+B}$	$\overline{A}\,\overline{B}$
0	0	1	1
0	1	0	0
1	0	0	0
1	1	0	0

反演律又称摩根定律，是非常重要且非常有用的公式，它经常用于逻辑函数的变换中。以下是它的两个常用的变形公式：

$$AB=\overline{\overline{A}+\overline{B}} \qquad A+B=\overline{\overline{A}\,\overline{B}}$$

1.4.2 逻辑代数的基本规则

逻辑代数有 3 条基本规则，即代入规则、反演规则和对偶规则，这些规则常用于逻辑代数的证明和化简中。

1. 代入规则

代入规则的基本内容是：对于任何一个逻辑等式，以某个逻辑变量或逻辑函数同时取代等式两端任何一个逻辑变量后，等式依然成立。

利用代入规则可以方便地扩展公式。例如，在反演律 $\overline{AB}=\overline{A}+\overline{B}$ 中用 BC 去代替等式中的 B，则等式仍成立，即 $\overline{ABC}=\overline{A}+\overline{B}+\overline{C}$。

注意：使用代入规则时，必须将等式中所有出现同一变量的地方均以同一函数代替，否则代入后的等式就不成立。

2. 反演规则

将一个逻辑函数 Y 进行下列变换：

$$\cdot \rightarrow +, \quad + \rightarrow \cdot;$$

$$0 \rightarrow 1, 1 \rightarrow 0;$$

原变量 → 反变量，反变量 → 原变量。

所得新函数表达式叫作 Y 的反函数，用 $\overline{Y}$ 表示。利用反演规则，可以非常方便地求得一个函数的反函数。

在反演规则求反函数时要注意以下两点：

（1）保持运算的优先顺序不变，必要时可加括号表明，如例 1-12。

（2）变换中，几个变量（一个以上）的公共非号保持不变，如例 1-13。

可见，求逻辑函数的反函数有两种方法：利用反演规则或摩根定律。

例 1-12　求函数 $Y=\overline{A}C+B\overline{D}$ 的反函数。

解　$\overline{Y}=(A+\overline{C}) \cdot (\overline{B}+D)$

例 1-13　求函数 $Y=A \cdot \overline{\overline{B}+C+\overline{D}}$ 的反函数。

解　$\overline{Y}=\overline{A}+\overline{\overline{B} \cdot \overline{C} \cdot D}$

3. 对偶规则

将一个逻辑函数 Y 进行下列变换：

$$\cdot \rightarrow +, + \rightarrow \cdot;$$

$$0 \rightarrow 1, 1 \rightarrow 0。$$

所得新函数表达式叫作 Y 的对偶式，用 Y' 表示。

对偶规则的基本内容是：如果两个逻辑函数表达式相等，那么它们的对偶式也一定相等。利用对偶规则可以帮助我们减少公式的记忆量，也可以利用对偶规则从已知公式中得到更多公式。

变换时需注意：

（1）变量不改变。

（2）不能改变原来的运算顺序。

例如，$AB+\overline{A}C+BC=AB+\overline{A}C$，则对偶式 $(A+B)(\overline{A}+C)(B+C)=(A+B)(\overline{A}+C)$ 也相等。

1.5　逻辑函数及其表示方法

描述逻辑关系的函数称为逻辑函数，前面讨论的与、或、非、与非、或非、异或都是逻辑函数。逻辑函数是从生活和生产实践中抽象出来的，但是只有那些能明确地用"是"或者"否"作出回答的事物，才能定义为逻辑函数。

逻辑函数及其表示方法

1.5.1　逻辑函数的建立

例 1-14　三个人表决一件事情，结果按"少数服从多数"的原则决定，试建立逻辑函数。

解　第一步，设置自变量和因变量。将三人的意见设置为自变量 A、B、C，并规定只能有同意或不同意两种意见。将表决结果设置为因变量 Y，显然也只有两个情况。

第二步，状态赋值。对于自变量 A、B、C，设：同意为逻辑"1"，不同意为逻辑"0"。对于因变量 Y，设：事情通过为逻辑"1"，没有通过为逻辑"0"。

第三步，根据题意及上述规定列出函数的真值表，如表 1-15 所示。

表 1-15　三人表决器真值表

A	B	C	Y
0	0	0	0
0	0	1	0
0	1	0	0
0	1	1	1
1	0	0	0
1	0	1	1
1	1	0	1
1	1	1	1

由真值表可以看出，当自变量 A、B、C 取确定值后，因变量 Y 的值就完全确定了。所以，Y 就是 A、B、C 的函数。A、B、C 常称为输入逻辑变量，Y 称为输出逻辑变量。

一般来说，若输入逻辑变量 A，B，C，…的取值确定后，输出逻辑变量 Y 的值也唯一地确定了，就称 Y 是 A，B，C，…的逻辑函数，写为

$$Y = f(A, B, C, \cdots)$$

逻辑函数与普通代数中的函数相比较，有两个突出的特点：

(1) 逻辑变量和逻辑函数只能取两个值 0 和 1。

(2) 函数和变量之间的关系是由"与""或""非"三种基本运算决定的。

1.5.2　逻辑函数的表示方法

一个逻辑函数有五种表示方法，即真值表、逻辑函数表达式、逻辑图、卡诺图和波形图。它们各有特点，又相互联系，可以互相转换。

1. 真值表

真值表是将输入逻辑变量的各种可能取值和相应的函数值排列在一起而组成的表格。为避免遗漏，各变量的取值组合可按照二进制递增的次序排列。

真值表的特点如下：

(1) 直观明了。输入变量取值一旦确定后，即可在真值表中查出相应的函数值。

(2) 方便使用。把一个实际的逻辑问题抽象成一个逻辑函数时使用真值表是最方便的，所以，在设计逻辑电路时，总是先根据设计要求列出真值表。

(3) 真值表的缺点是当变量比较多时，表比较大，显得过于烦琐。

2. 逻辑函数表达式

逻辑函数表达式就是由逻辑变量和"与""或""非"三种运算符所构成的表达式。

由真值表可以转换为函数表达式，方法是在真值表中依次找出函数值等于 1 的变量组

合，变量值为 1 的写成原变量，变量值为 0 的写成反变量，把组合中各个变量相乘。这样，对应于函数值为 1 的每一个变量组合就可以写成一个乘积项。然后把这些乘积项相加，就得到相应的函数表达式。例如，用此方法可以直接写出"三人表决"函数的逻辑表达式：

$$Y = \overline{A}BC + A\overline{B}C + AB\overline{C} + ABC$$

反之，由表达式也可以转换成真值表，方法是画出真值表的表格，将变量及变量的所有取值组合按照二进制递增的次序列入表格左边，然后按照表达式，依次对变量的各种取值组合进行运算，求出相应的函数值，填入表格右边对应的位置，即得真值表。

例 1 - 15　求函数 $Y = \overline{AB + CD}$ 的真值表。

解　该函数有四个变量，有 16 种可能的取值组合，将它们按顺序排列起来即得真值表，如表 1 - 16 所示。

表 1 - 16　$Y = \overline{AB + CD}$ 的真值表

A	B	C	D	Y
0	0	0	0	1
0	0	0	1	1
0	0	1	0	1
0	0	1	1	0
0	1	0	0	1
0	1	0	1	1
0	1	1	0	1
0	1	1	1	0
1	0	0	0	1
1	0	0	1	1
1	0	1	0	1
1	0	1	1	0
1	1	0	0	0
1	1	0	1	0
1	1	1	0	0
1	1	1	1	0

3. 逻辑图

逻辑图是用若干规定的逻辑符号及相应连线构成的电路图。用逻辑图实现电路是比较容易的，它有与工程实际比较接近的特点。

例 1 - 16　画出 $Y = \overline{A}\,\overline{B}\,\overline{C} + ABC$ 的逻辑图。

解　反变量用非门实现，与项用与门实现，相加项用或门实现。其运算顺序为先非后与再或，因此用三级电路实现之。其逻辑图如图 1 - 10 所示。

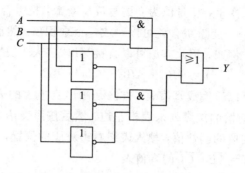

图 1-10 逻辑图

4. 卡诺图

卡诺图是逻辑函数的一种图形表示。一个逻辑函数的卡诺图就是将此函数的最小项表达式中的各最小项相应地填入一个方格图内，此方格图称为卡诺图。卡诺图的构造特点使卡诺图具有一个重要性质：可以从图形上直观地找出相邻最小项，两个相邻最小项可以合并为一个与项并消去一个变量(后面会详细介绍)。

5. 波形图

波形图是指能反映输出变量与输入变量随时间变化的图形，又称时序图。波形图能直观地表达出输入变量和函数之间随时间变化的规律。

1.6 逻辑函数的化简

1.6.1 逻辑函数的常见形式

1. 逻辑函数的常见形式

逻辑函数的化简

一个逻辑函数的表达式不是唯一的，可以有多种形式，并且能互相转换。常见的逻辑式主要有五种形式，例如：

$$Y = AC + \overline{A}B \qquad \text{与或表达式}$$
$$= (A+B)(\overline{A}+C) \qquad \text{或与表达式}$$
$$= \overline{\overline{AC} \cdot \overline{\overline{A}B}} \qquad \text{与非-与非表达式}$$
$$= \overline{\overline{A+B} + \overline{\overline{A}+C}} \qquad \text{或非-或非表达式}$$
$$= \overline{\overline{AC} + \overline{\overline{A}\ \overline{B}}} \qquad \text{与或非表达式}$$

在上述多种表达式中，与或表达式是逻辑函数的最基本表达形式。因此在化简逻辑函数时，通常是将逻辑式化简成最简与或表达式，然后根据需要再转换成其他形式。

2. 最简与或表达式

在理论上，与或表达式最常用，也容易转换成其他类型的表达式。什么是最简与或表达式？如果在与或表达式中，不改变其逻辑功能，满足下面两个条件：

(1) 与项最少，即表达式中"+"号最少。

（2）每个与项中的变量数量少，即表达式中"·"号最少。

则这个与或表达式才是最简与或表达式。想要得到最简与或表达式就需要对逻辑函数表达式进行化简。

1.6.2　代数法化简

用代数法化简逻辑函数，就是直接利用逻辑代数的基本公式和基本规则进行化简。代数法化简没有固定的步骤，常用的化简方法有以下几种。

1. 并项法

并项法是运用公式 $A+\overline{A}=1$ 将两项合并为一项，消去一个变量。例如，

$$Y = AB\overline{C} + ABC = AB(\overline{C}+C) = AB$$

$$Y = A(BC+\overline{B}\,\overline{C}) + A(B\overline{C}+\overline{B}C) = ABC + A\overline{B}\,\overline{C} + AB\overline{C} + A\overline{B}C$$

$$= AB(C+\overline{C}) + A\overline{B}(C+\overline{C}) = AB + A\overline{B} = A(B+\overline{B}) = A$$

2. 吸收法

吸收法是运用吸收律 $A+AB=A$ 消去多余的与项。例如，

$$Y = A\overline{B} + A\overline{B}(C+DE) = A\overline{B}$$

3. 消去法

消去法是运用吸收律 $A+\overline{A}B=A+B$ 消去多余的因子 $\overline{A}$，利用公式 $AB+\overline{A}C+BC=AB+\overline{A}C$，消去冗余项。例如，

$$Y = AB + \overline{A}C + \overline{B}C = AB + (\overline{A}+\overline{B})C = AB + \overline{AB}C = AB + C$$

$$Y = \overline{A} + AB + \overline{B}E = \overline{A} + B + \overline{B}E = \overline{A} + B + E$$

$$Y = AD + \overline{A}EG + DEG = AD + \overline{A}EG$$

4. 配项法

配项法是先给逻辑系数乘以 $A+\overline{A}=1$ 或加上 $A\overline{A}=0$，增加必要的乘积项，再用以上方法化简。例如，

$$Y = AB + \overline{A}C + BCD = AB + \overline{A}C + BCD(A+\overline{A})$$

$$= AB + \overline{A}C + ABCD + \overline{A}BCD = AB + \overline{A}C$$

在化简逻辑函数时，要灵活运用上述方法，才能将逻辑函数化为最简。下面再举几个例子。

例 1 - 17　化简逻辑函数 $Y = A\overline{B} + A\overline{C} + A\overline{D} + ABCD$。

解　$Y = A(\overline{B}+\overline{C}+\overline{D}) + ABCD = A\,\overline{BCD} + ABCD = A(\overline{BCD}+BCD) = A$

例 1 - 18　化简逻辑函数 $Y = AD + A\overline{D} + AB + \overline{A}C + BD + A\overline{B}EF + \overline{B}EF$。

解　$Y = A + AB + \overline{A}C + BD + A\overline{B}EF + \overline{B}EF$（利用 $A+\overline{A}=1$）

$= A + \overline{A}C + BD + \overline{B}EF$（利用 $A+AB=A$）

$= A + C + BD + \overline{B}EF$（利用 $A+\overline{A}B=A+B$）

逻辑函数化简的意义是使逻辑式最简，以便设计出最简的逻辑电路，从而节省元器件，优化生产工艺，降低成本和提高系统可靠性。不同形式逻辑式有不同的最简式，通常先求取最简与或表达式，然后通过变换得到所需最简式。

1.6.3 卡诺图法化简

代数法化简的优点是对变量个数没有限制，缺点是需要技巧，不易判断是否为最简式。采用卡诺图法化简，优点是简单、直观，有一定的步骤和方法，易判断结果是否最简，缺点是适合变量个数较少的情况，一般用于四变量以下函数的化简。在学习卡诺图之前，首先要研究逻辑函数最小项的问题。

1. 逻辑函数最小项

1）最小项的定义与编号

n 个变量有 2^n 种组合，对应可以写出 2^n 个乘积项，这些乘积项均具有下列特点：包含全部变量，且每个变量在该乘积项中（以原变量或反变量的形式）只出现一次。这样的乘积项称为这 n 个变量的最小项，也称为 n 变量逻辑函数的最小项。

如表 1-17 所示，将输入变量取值为 1 的代以原变量，取值为 0 的代以反变量，则得相应最小项，三变量逻辑函数的最小项有 2^3 共 8 个最小项。为了方便，通常对最小项进行编号，最小项编号用"m_i"，其中 $i = 0 \sim (2^n - 1)$ 称作最小项的编号。

表 1-17 三变量最小项真值表

A	B	C	最小项	编号	对应十进制数
0	0	0	$\overline{A}\,\overline{B}\,\overline{C}$	m_0	0
0	0	1	$\overline{A}\,\overline{B}\,C$	m_1	1
0	1	0	$\overline{A}B\overline{C}$	m_2	2
0	1	1	$\overline{A}BC$	m_3	3
1	0	0	$A\overline{B}\,\overline{C}$	m_4	4
1	0	1	$A\overline{B}C$	m_5	5
1	1	0	$AB\overline{C}$	m_6	6
1	1	1	ABC	m_7	7

2）最小项的基本性质

（1）对任意一最小项，只有一组变量取值使它的值为 1，而其余各种变量取值均使其值为 0。

（2）对于变量的任一组取值，任意两个最小项的乘积为 0。

（3）对于变量的任一组取值，全体最小项的和为 1。

3）最小项的相邻性

相邻性包括几何相邻性和逻辑相邻性。

（1）几何相邻：最小项在卡诺图几何图形位置上的相邻关系主要包括三种：一是相接（紧接着）；二是相对（任一行或列的两端）；三是相重（对折起来位置重合）。

（2）逻辑相邻：两个最小项中只有一个变量互为反变量，其余变量均相同，称为逻辑相邻最小项，简称相邻项。相邻最小项的重要特点是，两个相邻最小项相加可合并为一项，

消去互反变量，化简为相同变量相与。例如，

$$ABC + AB\overline{C} = AB(C + \overline{C}) = AB$$

注意：在卡诺图中，凡是几何相邻的最小项必定逻辑相邻。

2. 卡诺图

将 n 变量的 2^n 个最小项用 2^n 个小方格表示，并且使相邻最小项在几何位置上也相邻且循环相邻，这样排列得到的方格图称为 n 变量最小项卡诺图，简称为变量卡诺图。

1）卡诺图的特点

图 1-11(a)～(c)分别为二变量、三变量和四变量卡诺图。从图中可见卡诺图的特点如下：

（1）具有 n 个输入变量的逻辑函数，共有 2^n 个最小项，其卡诺图由 2^n 个小方格组成。

（2）每个小方格所代表的最小项编号，就是其左边和上边二进制码的数值。

（3）卡诺图的循环相邻性，即同一行最左与最右方格相邻，同一列最上与最下方格相邻。

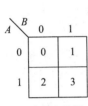 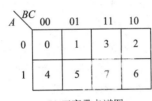

(a) 二变量卡诺图　　　(b) 三变量卡诺图　　　(c) 四变量卡诺图

图 1-11　卡诺图

2）逻辑函数的卡诺图

逻辑函数的卡诺图是指已知函数表达式 Y，用卡诺图将 Y 表示出来的方法，步骤如下：

（1）根据 Y 表达式的变量 n，画出 n 变量的卡诺图。

（2）根据函数 Y 拥有的若干最小项，在相应小方格中填 1，其余小方格填 0 或不填。

例 1-19　将函数 $Y = A\overline{C}\,\overline{D} + AC\overline{D}$ 用卡诺图表示。

解　根据卡诺图的特点，只要将函数式转换为标准的与或表达式，然后选定相应变量数的卡诺图，在表达式含有的最小项小方格中填 1，其余填 0 或不填，就可以得到卡诺图，如图 1-12 所示。

$$\begin{aligned}
Y &= A\overline{C}\,\overline{D} + AC\overline{D} \\
&= AB\overline{C}\,\overline{D} + A\overline{B}\,\overline{C}\,\overline{D} + ABC\overline{D} + A\overline{B}C\overline{D} \\
&= m_{12} + m_{8} + m_{14} + m_{10} \\
&= \sum m(8, 10, 12, 14)
\end{aligned}$$

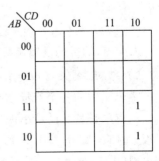

图 1-12　例 1-19 卡诺图

3）用卡诺图法化简逻辑函数

卡诺图法化简逻辑函数，就是利用卡诺图的相邻性合并相邻最小项，消去互反变量。化简规律是：2 个相邻最小项有 1 个变量相异，相加可以消去这 1 个变量，化简结果为相同变量的与；4 个相邻最小项有 2 个变量相异，相加可以消去这 2 个变量，化简结果为相同变量的与；8 个相邻最小项有 3 个变量相异，相加可以消去这 3 个变量，化简结果为相同变量的与，以此类推，2^n 个相邻最小项有 n 个变量相异，相加可以消去这 n 个变量，化简结果为相同变量的与。

卡诺图法化简步骤如下：

（1）画函数卡诺图。

（2）对填 1 的相邻最小项方格画包围圈。画包围圈的规则是：包围圈必须包含 2^n 个相邻 1 方格，且必须成方形；先圈小再圈大，圈越大越好；1 方格可重复圈，但须每圈有新 1；每个"1"格须圈到，孤立项也不能掉。

注意： 同一列最上边和最下边循环相邻，可画圈；同一行最左边和最右边循环相邻，可画圈；四个角上的 1 方格也循环相邻，可画圈。

（3）将各圈分别化简。

（4）将各圈化简结果逻辑加。

例 1-20 用卡诺图法化简逻辑函数 $Y(A, B, C, D) = \sum m(0, 2, 4, 5, 6, 7, 9, 15)$。

解 首先画变量卡诺图，其次填卡诺图，如图 1-13(a)所示，再次画包围圈，如图 1-13(b)所示，最后将各图分别化简，将各图化简结果逻辑加，得出最简与或表达式。

$$Y = A\bar{B}\,\bar{C}D + BCD + \bar{A}B + \bar{A}\,\bar{D}$$

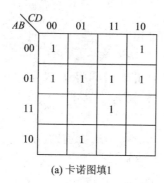

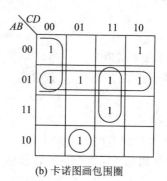

(a) 卡诺图填1　　　　(b) 卡诺图画包围圈

图 1-13　例 1-20 卡诺图

3. 具有约束的逻辑函数的化简

1）约束、约束项和约束条件

逻辑函数的各个变量之间存在着相互制约的关系，称为约束。

约束项是特殊的最小项，这种最小项所对应的变量取值组合不允许出现或者根本不会出现。例如，在 8421BCD 码中，$m_{10} \sim m_{15}$ 这 6 个最小项是不允许出现的，我们把它们称为约束项（无关项、任意项）。无关项在卡诺图和真值表中用"×"或"ϕ"来标记，在逻辑式中则用字母 d 和相应的编号表示。

由于约束项不会出现，也就是说约束值不会为 1，其值恒为 0，所以，将约束项加起来恒为 0 的等式叫约束条件表达式，记作 $\sum d_i = 0$。

2）具有约束的逻辑函数化简

约束项的取值对逻辑函数值没有影响。化简时应视需要将约束项方格看作 1 或 0，使包围圈最少且最大，从而使结果最简。为使函数式化简为最简式，可以把与最小项 1 方格相邻的约束项（"×"方格）当 1 处理，画入圈内，未用到的约束项当 0 处理。

例 1 - 21　利用卡诺图法化简具有约束项的逻辑函数：

$$Y = \sum m(0, 2, 3, 4, 6, 8, 10) + \sum d(11, 12, 14, 15)$$

解　如图 1-14 所示，首先画四变量卡诺图，然后根据逻辑表达式填图，将最小项填 1，约束项填"×"，遵循圈最少最大的原则画包围圈，如图 1-14(a)所示，最后写出逻辑表达式，依相同的原则，可以写出约束条件的表达式：

$$\begin{cases} Y = \overline{D} + \overline{B}C \\ AB\overline{D} + ACD = 0 (约束条件) \end{cases}$$

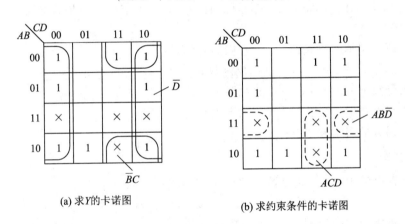

(a) 求 Y 的卡诺图　　　　　　(b) 求约束条件的卡诺图

图 1-14　例 1-21 的卡诺图

对比代数（公式）法化简与卡诺图法化简，不难发现，代数法化简建立在基本公式和常用公式的基础之上，化简方便快捷，但是它依赖于人们对公式的熟练掌握程度、经验和技巧，有时化简结果是否为最简还心中无数。而卡诺图法化简具有规律性，易于把握。要注意的是，对于具有约束项的逻辑函数化简时，虽然利用约束项可使结果大大简化，但如果利用了约束项，那么在对输入变量赋值时，就一定要遵守约束条件，否则输出结果将会出现错误。

本 章 小 结

(1) 数字电路是传递和处理数字信号的电子电路。数字电路中的信号只有高电平和低电平两个取值，通常用 1 表示高电平，用 0 表示低电平，正好与二进制数中 0 和 1 对应，因此，数字电路中主要采用二进制。

(2) 常用的计数进制有十进制、二进制、八进制和十六进制。编码是用数码的特定组合表示特定信息的过程。

（3）分析数字电路的数学工具是逻辑代数，它的定律有的和普通代数类似，如交换律、结合律和第一种形式公式的分配律；但很多与普通代数不同，如吸收律和摩根定律。须注意的是逻辑代数中无减法和除法。

（4）逻辑函数常用的表示方法有真值表、逻辑函数式、卡诺图、逻辑图和时序图，不同表示方法各有特点，适宜不同的应用。

习 题 1

一、填空题

1. $(81)_{10} = ($ _____ $)_2 = ($ _____ $)_{16} = ($ _____ $)_{8421BCD}$。

2. 将十进制数$(47)_{10}$转换为等值的二进制数为 _____ 。

3. 出现某种结果的条件全部具备时，结果才会发生，这种条件与结果的关系，叫作 _____ ；出现某种结果的条件中，只要有一个以上具备时，结果就会发生，这种条件与结果的关系，叫作 _____ 。

4. 如果两个逻辑函数式相等，则它们的对偶式也 _____ 。

5. 逻辑函数 $F = \bar{A} + B + \bar{C} \cdot D$ 的反函数 $\bar{F} =$ _____ 。

6. 逻辑函数 $F = A(B+C) \cdot 1$ 的对偶函数是 _____ 。

7. 在数字电路中，常用的计数制除十进制外，还有 _____ 、 _____ 、 _____ 。

8. 逻辑函数的表示方法有 _____ 、 _____ 、 _____ 、 _____ 。

二、选择题

1. 下列四个数中，与十进制数$(163)_{10}$不相等的是（　　）。

A. $(A3)_{16}$　　　B. $(10100011)_2$　　C. $(000101100011)_{8421BCD}$　　D. $(203)_8$

2. 将十进制数$(18)_{10}$转换成八进制数是（　　）。

A. 20　　　　　B. 22　　　　　C. 21　　　　　　D. 23

3. 三变量函数 $Y(A, B, C) = A + BC$ 的最小项表示中不含下列哪项（　　）。

A. m_2　　　　　B. m_5　　　　　C. m_3　　　　　D. m_7

4. 函数 $F = A(A \oplus B)$ 的结果是（　　）。

A. AB　　　　　B. $\bar{A}$　　　　　C. $A\bar{B}$　　　　　D. $\bar{A}\,\bar{B}$

5. 下面逻辑式中，正确的是（　　）。

A. $A\bar{B} + BD + CDE + \bar{A}D = A + \bar{B} + DE$

B. $(A+D)(\bar{B}+D) = A\bar{B} + D$

C. $A \oplus B \oplus C \oplus D \oplus E = A \odot B \odot C \odot D \odot E$

D. $ABCD + \bar{A}\,\bar{B}\,\bar{C}\,\bar{D} = 1$

6. 属于无权码的是（　　）。

A. 8421 码　　　B. 余 3 码　　　C. 2421 码　　　D. 自然二进制码

三、证明题

1. 利用基本定律和运算规则证明逻辑函数

$$ABC+A\overline{B}C+AB\overline{C}=AB+AC。$$

2. 利用基本定律和运算规则证明逻辑函数
$$A\overline{B}+BD+DCE+\overline{A}D=A\overline{B}+D。$$

3. 利用基本定律和运算规则证明逻辑函数
$$\overline{AB+\overline{A}\ \overline{B}+\overline{C}}=(A\oplus B)C。$$

4. 利用基本定律和运算规则证明逻辑函数
$$(A+B+C)(\overline{A}+\overline{B}+\overline{C})=A\overline{B}+\overline{A}C+B\overline{C}。$$

四、分析题

1. 分析以下各题，用逻辑代数公式法化简下列逻辑函数为最简与或表达式。

(1) $Y=(A\oplus B)C+ABC+\overline{A}\ \overline{B}C$。

(2) $Y=A\overline{B}C+A\overline{B}+A\overline{D}+\overline{A}\ \overline{D}$。

(3) $Y=A\overline{B}+BD+AD+\overline{A}D$。

(4) $Y=A+\overline{\overline{B}+\overline{C}\ \overline{D}}+A+\overline{\overline{A}\ \overline{B}\ \overline{D}}$。

(5) $Y=\overline{A}D(A+\overline{D})+ABC+CD(B+C)+AB\overline{C}$。

(6) $Y=\overline{\overline{AC+\overline{B}C}+B(A\oplus C)}$。

2. 分析图 1-15(a)、(b)，并写出各图最简与或表达式。

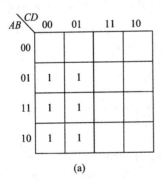 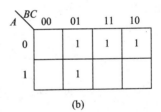

(a)　　　　　　　　(b)

图 1-15　题图

3. 分析并利用卡诺图化简下列逻辑函数。

(1) 利用卡诺图化简
$$Y=\overline{B}CD+B\overline{C}+\overline{A}\ \overline{C}D+AB\overline{C}。$$

(2) 利用卡诺图化简
$$Y=A\overline{B}+ABC+\overline{A}\ \overline{C}D+\overline{A}\ \overline{B}D。$$

第2章 逻辑门电路

本章首先介绍基本分立元件逻辑门电路的功能及逻辑符号,然后讨论 TTL(Transistor Transistor Logic)门电路和 CMOS 门电路的电路特性及使用,侧重分析其外部特性。本章内容是数字电路的电路基础。最后以一个实训介绍逻辑门电路的应用。

2.1 概　　述

用以实现基本逻辑运算和复合逻辑运算的单元电路统称为门电路。常用的逻辑门有与门、或门、非门、与非门、或非门、异或门等。逻辑门电路主要有双极型的 TTL(Transistor Transistor Logic)门电路和单极型的 CMOS(Complementary Metal Oxide Semiconductor)门电路两种。

逻辑门电路

如前所述,在数字电路中,一般用高、低电平分别表示二值逻辑的 1 和 0 两种逻辑状态。用高电平表示逻辑 1、低电平表示逻辑 0 的规定称为正逻辑,用高电平表示逻辑 0、低电平表示逻辑 1 的规定称为负逻辑。对于同一电路,可以采用正逻辑,也可以采用负逻辑,正逻辑与负逻辑的规定不涉及逻辑电路本身的结构与性能好坏,在本书中如无特殊说明,则使用的都是正逻辑。

2.2 分立元件门电路

基本逻辑关系有与、或、非三种,能实现其逻辑功能的电路称为基本逻辑门电路。在数字电路中,最基本的逻辑运算有"与""或""非"运算,与此对应的基本门电路便是"与"门、"或"门和"非"门。

2.2.1 二极管门电路

在开关电路中,利用二极管的单向导电性可以接通或断开电路,在数字电路中,二极管的这种工作方式得到了广泛应用。

1. 二极管与门

实现与逻辑关系的门电路称为与门电路。二极管与门电路图如图 2-1(a)所示,A、B 是输入逻辑变量,Y 是输出逻辑函数。如果二极管的正向压降 $U_D = 0.7$ V,输入端对地的高电平为 $V_{IH} = +5$ V,低电平为 $V_{IL} = 0$ V,则当输入端 A、B 中有一个或两个为低电平(0 V)时,相应的二极管导通,输出 Y 为低电平(二极管的导通电压 0.7 V);当输入端 A、B 同时为高电平时,输出 Y 为 5 V。与门电路电平关系如表 2-1 所示。

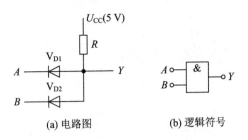

(a) 电路图　　　　　　　　(b) 逻辑符号

图 2 - 1　二极管与门电路

表 2 - 1　与门电路电平关系

输　入		输　出	V_{D1}	V_{D2}
u_A/V	u_B/V	u_Y/V		
0	0	0.7	导通	导通
0	5	0.7	导通	截止
5	0	0.7	截止	导通
5	5	5	截止	截止

由表 2 - 1 可见，A、B 中只要有一个为低电平，输出 Y 就为低电平；只有 A、B 同时为高电平，输出 Y 才为高电平，显然，这个电路实现了与逻辑功能，称为与门。与门电路的逻辑符号如图 2 - 1(b) 所示。与逻辑真值表如表 2 - 2 所示。由表 2 - 2 得到与门的输出 Y 与输入 A、B 的逻辑表达式为 $Y = AB$。

表 2 - 2　与逻辑真值表

输　入		输　出
A	B	Y
0	0	0
0	1	0
1	0	0
1	1	1

2. 二极管或门

实现或逻辑关系的门电路称为或门电路。二极管或门电路图如图 2 - 2(a) 所示，逻辑符号如图 2 - 2(b) 所示。

二极管或门电路电平关系如表 2 - 3 所示，真值表如表 2 - 4 所示。由表 2 - 4 得到或门的输出 Y 与输入 A、B 的逻辑表达式为 $Y = A + B$。

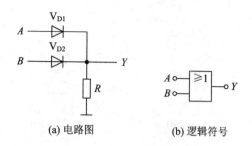

(a) 电路图　　　　(b) 逻辑符号

图 2-2　二极管或门电路

表 2-3　或门电路电平关系

输　入		输　出	V_{D1}	V_{D2}
u_A/V	u_B/V	u_Y/V		
0	0	0	截止	截止
0	5	4.3	截止	导通
5	0	4.3	导通	截止
5	5	4.3	导通	导通

表 2-4　或逻辑真值表

输　入		输　出
A	B	Y
0	0	0
0	1	1
1	0	1
1	1	1

2.2.2　三极管非门电路

实现非逻辑功能的电路称为非门电路。

通常在数字电路中，三极管主要工作在截止或饱和两个区内，因此我们这里不考虑放大的情况。三极管非门电路如图 2-3(a) 所示，逻辑符号如图 2-3(b) 所示。

三极管临界饱和时的基极电流为 $I_{BS} = \dfrac{5-0.3}{30 \times 1}$ mA $= 0.16$ mA。当

三极管非门

$i_B > I_{BS}$ 时，三极管工作在饱和状态。输出电压 $u_Y = U_{CES} = 0.3$ V。

当 A 端输入为低电平时，即 $u_A = 0$ V，三极管截止，$i_B = 0$ V，$i_C = 0$ V，输出电压 $u_A = U_{CC} = 5$ V；当 A 端输入为高电平时，即 $u_A = 5$ V，三极管导通，基极电流为 $i_B = \dfrac{5-0.7}{4.3}$ mA $= 1$ mA，输出为低电平 0.3 V，实现非运算。非门电路也称为反相器。非逻辑关系的逻辑表达

式为 $Y = \overline{A}$。非门真值表如表 2-5 所示。

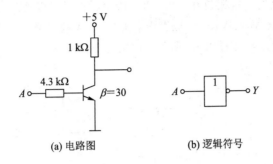

(a) 电路图   (b) 逻辑符号

图 2-3 三极管非门电路

表 2-5 非门真值表

输 入	输 出
A	Y
0	1
1	0

2.3 TTL 集成门电路

TTL 是 Transistor Transistor Logic 的缩写，它是指晶体管—晶体管逻辑门电路，它的输入端和输出端都是由晶体管组成的。

2.3.1 TTL 与非门

1. 电路组成

如图 2-4 所示是常用与非门的典型电路，主要由输入级、中间级和输出级 3 个部分组成。多发射极三极管 V_D 和 R_{b1} 组成了输入级，实现与逻辑功能。V_{D1}、V_{D2} 为输入钳位二极

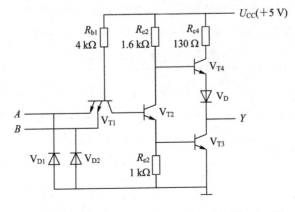

图 2-4 TTL 与非门

管，抑制输入端出现的负电压干扰，当输入端负电压干扰大于钳位二极管导通电压时，二极管导通，使输入端负电压被钳位在-0.7 V，从而保护了三极管。三极管 V_{T2} 和电阻 R_{c2}、R_{e2} 组成中间级。三极管 V_{T3}、V_{T4}，二极管 V_D 和 R_{c4} 组成输出级。多发射级三极管 V_{T1} 可以看成是两个三极管的连接，如图 $2-5$ 所示，作用是 V_{T1} 相当于与门。

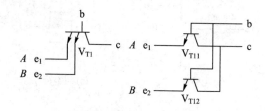

图 $2-5$ 多发射级三极管

2. 电路原理

当 A 和 B 有一个输入为低电平 0 时，则 V_{T1} 的基极与逻辑值为 0，发射极处于正向偏置，这时，电源通过 R_{b1} 为 V_{T1} 提供基极电流，V_{T1} 基极电位约为 0.7 V，该电压不能使 V_{T1} 集电结、V_{T2} 和 V_{T3} 发射结导通，因为 V_{T1} 集电结、V_{T2} 和 V_{T3} 发射结导通至少需要 V_{T1} 的基极电压为 2.1 V。此时，V_{T2} 和 V_{T3} 截止，又因为 V_{T2} 截止，其集电极电位接近 U_{CC}，所以 V_{T4} 和 V_D 饱和导通，输出端 Y 电位近似为

$$u_Y = U_{CC} - 0.7 - 0.7 = 5 - 1.4 = 3.6 \text{ V}$$

即输出端 Y 的逻辑值为 1。由于 V_{T3} 管处于截止状态，当与非门外接负载后，电流从 U_{CC} 经 R_{c4} 向外流向每个负载门，这种电流称为拉电流。

当输入端中全部为高电平 $1(3.6 \text{ V})$ 时，则可能使 V_{T1} 的基极电压为 4.3 V，这个电压必然会使 V_{T1} 的集电结、V_{T2} 和 V_{T3} 的发射结同时导通，这个结果又会使 V_{B1} 被钳位在 2.1 V上，因此，V_{T1} 的发射结反偏，集电结正偏，V_{T1} 处于倒置工作状态。由于 V_{T2} 和 V_{T3} 工作在饱和状态，所以，V_{T2} 的集电极电压为 $u_{C2} = u_{B4} = U_{CES2} + u_{BE3} = 0.3 + 0.7 = 1$ V，因此，V_{T4} 和 V_D 截止，使 V_{T3} 管集电极电流近似为 0，但因 V_{T3} 管的基极有 V_{T2} 管射级送来的相当大基极电流使 V_{T3} 处于深度饱和状态，从而使输出电压 $u_Y = U_{CES3} = 0.3$ V，即输出端 Y 的逻辑值为 0，完成了与非的逻辑关系。

由于 V_{T4} 截止，当与非门外接负载时，V_{T3} 管的集电极电流全部由外接负载门灌入，这种电流称为灌电流。整理结果可得表 $2-6$ 与非门真值表。其逻辑关系表达式为 $Y = \overline{AB}$。

表 $2-6$ 与非门真值表

输　　　　入		输　　　出
A	B	Y
0	0	1
0	1	1
1	0	1
1	1	0

2.3.2　TTL 逻辑门的电路特性与参数

从使用的角度考虑，除了要理解门电路原理、逻辑功能外，还必须了解门电路的主要参数的概念和测试方法，并根据测试结果判断器件好坏，下面在讨论 TTL 与非门的电压传输特性基础上来讨论 TTL 与非门的电路特性及其主要参数，以便正确分析使用器件。

1. 电压传输特性

TTL 与非门的电压传输特性是指在空载条件下，输出电压 u_O 随输入电压 u_I 变化的特性，电路图 2-4 所示的电压传输特性曲线如图 2-6 所示。该曲线可分为 4 个区段来分析。

TTL 逻辑门电路参数

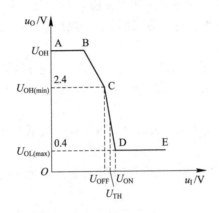

图 2-6　TTL 与非门电压传输特性

1）截止区（AB 段）

当 $0 \leqslant u_I < 0.6$ V 时，V_{T1} 深度饱和，$U_{B1} < 1.3$ V，V_{T2} 和 V_{T3} 截止，V_{T4} 和 V_D 导通，输出高电平，$u_O = U_{OH} \approx 3.6$ V，与非门工作在截止区。

2）线性区（BC 段）

当 0.6 V $< u_I < 1.3$ V 时，$U_{B2} > 0.7$ V，V_{T2} 开始导通，并处于放大状态，集电极电压 U_{C2} 随着 u_I 增加而线性下降，因为 $u_I < 1.3$ V，所以 V_{T3} 截止，$u_O = (U_{C2} - 1.4)$ V，也线性下降，B 点特征是 V_{T2} 开始导通。

3）转折区（CD 段）

当 1.3 V $< u_I < 1.4$ V 时，$U_{B2} = 1.4$ V，$U_{B3} = 0.7$ V，V_{T2} 进入饱和状态，V_{T3} 由截止进入饱和状态，V_{T4} 由放大进入截止状态，输出迅速转为低电平，$u_O = U_{OL} \approx 0.3$ V，D 点特征是 V_{T3} 开始饱和。

4）饱和区（DE 段）

当 $u_I > 1.4$ V，U_{B1} 被钳位在 2.1 V，保持输出为低电平，继续增加 u_I 只能使 V_{T3} 管加深饱和深度，u_O 不再发生太大变化。

2. 主要参数

1）阈值电压 U_{TH}

阈值电压又称门槛电压，图 2-6 电压传输特性 CD 段的中点所对应的输入电压，一般取 U_{TH} 约为 1.4 V。在近似分析中，可认为，输入电压小于阈值电压时，与非门工作在关闭状态，输出高电平 U_{OH}，当输入电压大于阈值电压时，与非门工作在导通状态，输出低电平 U_{OL}。

2）输出高电平 U_{OH}

输出高电平 U_{OH} 典型值是 3.6 V，一般规定最小值是 $U_{OH(min)} = 2.4$ V，即大于 2.4 V 的输出电压就可以称为输出高电平。对应图 2-6 的 AB 段。

3）输出低电平 U_{OL}

输出低电平 U_{OL} 典型值是 0.3 V，一般规定输出低电压的最大值是 $U_{OL(max)} = 0.4$ V，即小于 0.4 V 的输出电压称为是输出低电平。对应图 2-6 的 DE 段。

4）关门电平 U_{OFF}

在保证输出为标准高电平的条件下所允许输入的最大低电平值，称为关门电平，只要输入电压小于关门电平，输出电压就为高电平。一般产品规定为 0.8 V。

5）开门电平 U_{ON}

在保证输出为标准低电平的条件下所允许输入的最小高电平值，称为开门电平，只要输入电压大于开门电平，输出就是低电平。一般产品规定为 2 V。

6）噪声容限

噪声容限 U_N 又称抗干扰能力，表示门电路在输入电压上允许叠加多大的噪声电压下仍能正常工作。

低电平噪声容限 U_{NL}：为保证输出为高电平在输入低电平时所允许叠加的最大正向干扰电压，$U_{NL} = U_{OFF} - U_{IL}$。

高电平噪声容限 U_{NH}：为保证输出为低电平在输入高电平时所允许叠加的最大负向干扰电压，$U_{NH} = U_{IH} - U_{ON}$。

噪声容限越大，表明电路的抗干扰能力越强。

说明：这些参数的数值是 74 系列的典型值，不同的系列是不同的。

3. 输入特性

TTL 与非门输入伏安特性指的是输入电流 i_1 随输入电压 u_1 变化而变化的规律，如图 2-7 所示。

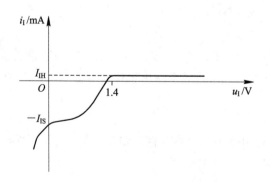

图 2-7　TTL 与非门输入特性曲线

1）输入低电平电流 I_{IL}

当门电路的输入端接低电平时，从门电路输入端流出的电流称为输入端低电平电流

I_{IL}，如图 2-8 所示，可得 $I_{IL}=\dfrac{U_{CC}-U_{BE1}-U_I}{R_b}$，当 $u_I=0$ V 时的输入电流称为输入短路电流 I_{IS}，一般产品规定，输入低电平电流小于 1.6 mA。如果本级门输入端是由前级门驱动的，I_{IL} 将从本级门的输入端流出，进入前级门的 V_{T3} 管，成为前级门的灌电流负载。

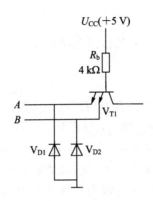

图 2-8 与非门输入端电路图

2）输入高电平电流 I_{IH}

当门电路的输入端接高电平时，流入输入端的电流称为输入端高电平电流 I_{IH}，也称为输入漏电流。如果本级门的输入端是由前级门驱动的，I_{IH} 将由前级门供给，从本级门流入 V_{T1}，从而成为前级门的拉电流负载，如果 I_{IH} 太大将会使前级门输出的高电平下降，一般产品规定，I_{IH} 小于 40 μA。

3）输入端负载特性

如果在 TTL 与非门的输入端与地之间串联接一个电阻 R_I，如图 2-9 所示，则会在这个电阻上产生一个输入电压 u_I，把输入电压 u_I 随输入端电阻 R_I 变化的关系称为输入端的负载特性，如图 2-10 所示。

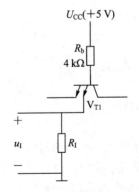

图 2-9 输入端与地之间外接电阻

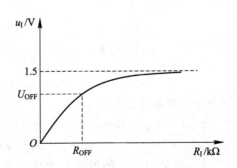

图 2-10 输入端负载特性曲线

从图中可以看出，当 $u_I<U_{TH}$ 时，相当于输入低电平，TTL 与非门输出高电平，u_I 会随着 R_I 的增加而升高，但当 $u_I=U_{TH}=1.4$ V 后，V_{T1} 的基极电压 U_{B1} 被钳位在 2.1 V，V_{T3} 饱和，TTL 与非门输出低电平，继续增加 R_I 的值，$u_I=U_{B1}-U_{BE1}=1.4$ V，不再增加。

我们把维持输出为高电平的输入端对地电阻 R_I 的最大值称为关门电阻 R_{OFF}，当

$R_I < R_{OFF}$ 时，相当于与非门输入为低电平，输出为高电平，与非门关断；把维持输出为低电平的输入端对地电阻 R_I 的最小值称为开门电阻 R_{ON}，当 $R_I > R_{ON}$ 时，相当于与非门输入为高电平，输出为低电平，与非门导通。产品系列不同，R_{ON}、R_{OFF} 也不同，详细数值需查阅手册，在计算时也要留有一定的裕量。

4. 输出特性

实际电路中，与非门后面总要与其他门电路相连接，前面的与非门称为驱动门，后面的门电路称为负载门。

1）带灌电流负载特性

如图 2-11（a）所示，负载电流从负载门流入驱动门，称为灌电流负载。图 2-11（b）为 TTL 与非门输出低电平的输出特性曲线，根据与非门的工作原理，当输入全为高电平时，输出为低电平，此时，负载电流的实际方向是流进该级输出管 V_{T3}，因此称之为灌电流。随着负载门个数增加，灌电流随之增大，将使输出低电平升高。前面提到过，输出低电平的最大值不得高于 $U_{OL(max)} = 0.4$ V。研究输出特性的目的是研究 TTL 与非门在级联使用时带负载的能力，门电路带负载能力用扇出系数 N_O 来表示，它代表门电路驱动同类门电路的最大数目。若输出低电平时允许灌入输入端的最大电流定义为输出低电平电流 $I_{OL(max)}$，典型值为 16 mA，每个同类门的输入电流为 I_{IL}，则输出低电平的扇出系数为

$$N_{OL} = \frac{I_{OL(max)}}{I_{IL}} \tag{2-1}$$

其中，N_{OL} 称为低电平时的扇出系数。

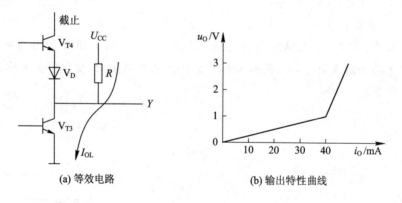

(a) 等效电路   (b) 输出特性曲线

图 2-11　与非门输出低电平时的输出特性

2）带拉电流负载特性

图 2-12（a）为与非门输出高电平时带拉电流负载的工作情况。在驱动门输出高电平的情况下，V_{T3} 截止，V_{T4} 和 V_D 导通，输出端工作在射级跟随状态。驱动门将有输出电流流向负载门，这些由驱动门流出的电流称为拉电流。由于拉电流是负载门的输入高电平电流 I_{IH}，所以负载门的个数增加，拉电流增大，将使驱动门输出的高电平 U_{OH} 降低，如前所述，输出高电平不得低于 $U_{OH(min)} = 2.4$ V，因此，把输出高电平时允许拉出输出端的最大电流定义为输出端高电平电流 $I_{OH(max)}$，典型值为 0.4 mA，每个同类门的输入高电平电流为 I_{IH}，则输出高电平的扇出系数为

$$N_{OH} = \frac{I_{OH(max)}}{I_{IH}} \tag{2-2}$$

其中，N_{OH} 称为高电平时的扇出系数。

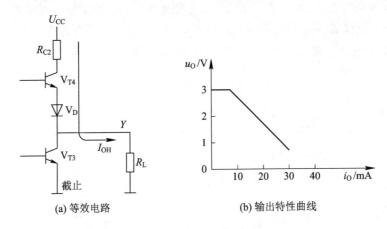

(a) 等效电路   (b) 输出特性曲线

图 2-12 与非门输出高电平时的输出特性

一般 $N_{OH} \neq N_{OL}$，常取两者中的较小值作为门电路的扇出系数，用 N_O 表示。N_{OH}、N_{OL} 的具体数值需根据手册提供的数据来确定。

5. TTL 与非门传输延迟时间

与非门的输出电压波形滞后于输入电压波形的时间称为传输延迟时间，如图 2-13 所示，引起传输延迟时间的原因主要有二极管、三极管由截止变为导通或者由导通变为截止的过渡时间，电路内部元器件及布线间存在的寄生电容等。

导通延迟时间 t_{PHL}：输入波形上升沿的 50% 幅值处到输出波形下降沿 50% 幅值处所需要的时间；截止延迟时间 t_{PLH}：从输入波形下降沿 50% 幅值处到输出波形上升沿 50% 幅值处所需要的时间；平均传输延迟时间 t_{pd}：$t_{pd} = \dfrac{t_{PLH} + t_{PHL}}{2}$。通常，$t_{PLH} > t_{PHL}$，器件手册上给出的是平均延迟时间，此值表示电路的开关速度，越小表示器件性能越好。

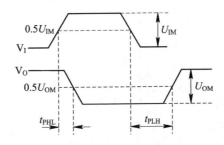

图 2-13 与非门传输延迟时间

2.3.3 TTL 集电极开路门和三态门

1. TTL 集电极开路门（OC 门）

集电极开路门又称 OC（Open Collector）门，其内部电路结构及逻辑符号如图 2-14 所示。通过电路图，可以分析该电路出现的问题是当输出为低电平时能正常工作，但是如果输出应为高电平时，此时

OC 门三态门和 TTL
逻辑门电路参数

V_{T3} 截止，无法输出高电平，因此在工作时，必须接入外接电阻和电源。所以，集电极开路与非门只有在外接负载电阻 R_L 和电源 U'_{CC} 后才能正常工作。其工作过程是当 A、B 输入端全为高电平时，三极管 V_{T2}、V_{T3} 导通，Y 输出低电平；当 A、B 有低电平时，三极管 V_{T2}、V_{T3} 截止，输出高电平，逻辑表达式为 $Y = \overline{AB}$。OC 门常有以下应用：

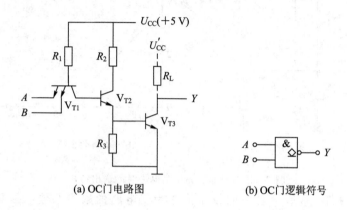

(a) OC门电路图　　　　　　　(b) OC门逻辑符号

图 2-14　集电极开路与非门

1) OC 门"线与"

两个或多个 OC 门的输出端直接相连，相当于将这些输出信号相与，称为线与。一般的 TTL 门电路的输出端不允许并联使用，否则可能因电流过大而烧坏器件。OC 门采用外接上拉电阻和电源的方式，因此多个 OC 门的输出端可以直接并联使用，如图 2-15 所示，输出端的逻辑表达式可以写成 $Y = \overline{AB} \cdot \overline{CD}$。

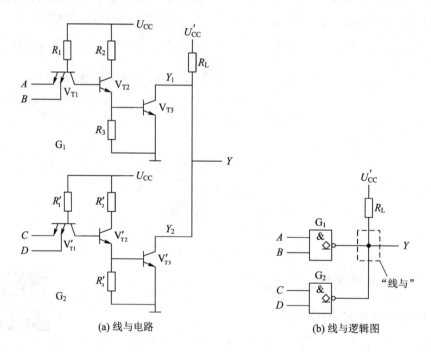

(a) 线与电路　　　　　　　　(b) 线与逻辑图

图 2-15　OC 门线与逻辑电路图

2) 驱动较大电流负载

由于 OC 门输出管耐压较大,同时存在着上拉电阻,因此外加电源的工作范围较宽,可驱动高电压、大电流负载,如图 2-16 所示,OC 门驱动发光二极管,或者用于电平转换接口电路,而普通 TTL 与非门不允许直接驱动电压高于 5 V 的负载,否则与非门将会被破坏。

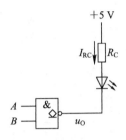

图 2-16 OC 门驱动发光二极管电路

2. 三态输出门(TSL 门)

三态门的输出有低电平(0)、高电平(1)、高阻三种状态(禁止态、Z 态),故称三态门。当出现高阻状态时,门电路的输出阻抗很大,使得输入和输出之间呈现开路状态。电路图如图 2-17 所示,当 EN=1 时,三态输出门的状态完全取决于数据输入端 A、B 的状态值,电路输出与输入的逻辑关系与一般与非门相同,这种状态称为三态门与非工作状态,即 $Y=\overline{AB}$;当 EN=0 时,由于二极管 V_{D1} 导通,V_{C2} 和 V_{B1} 均被钳制在低电平,所以,$V_{T2} \sim V_{T4}$ 均截止,从输出端看进去,电路处于高阻状态,这是三态与非门的第三种状态(禁止态),其逻辑符号如图 2-18 所示。需要注意的是,三态并不是指具有 3 种逻辑值。在工作状态下,三态门的输出可为逻辑 1 或者逻辑 0;在禁止状态下,其输出高阻相当于开路,表示与其他电路无关,它不是一种逻辑值。该电路是在一般与非门电路的基础上,附加使能控制端和控制电路构成的,其功能表如表 2-7 所示。

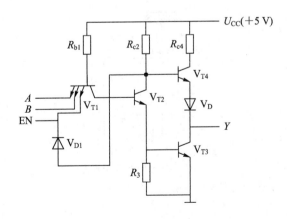

图 2-17 TTL 三态输出与非门电路图

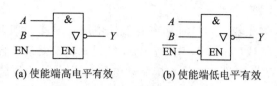

(a) 使能端高电平有效　　　　(b) 使能端低电平有效

图 2-18　三态与非门的逻辑符号

表 2-7　三态门功能表

（a）使能端低电平有效

$\overline{EN}$	Y
0	$\overline{AB}$
1	Z

（b）使能端高电平有效

EN	Y
1	$\overline{AB}$
0	Z

1）三态门构成单向总线

如图 2-19 所示，同一时刻 EN_1、EN_2、…、EN_n 轮流为高电平 1，且在任何时刻只能有一个为高电平，使相应三态门工作，而其他三态输出门均处于高阻状态，从而实现了总线的复用，即可以实现分时轮换传输信号而不至于互相干扰。三态门不需要外接负载，门的输出级采用的是推拉式输出，输出电阻低，因而开关速度比 OC 门快。

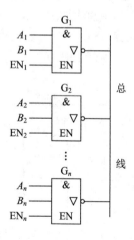

图 2-19　三态门构成单向总线

2）三态门实现数据的双向传输

如图 2-20 所示，当 EN=1 时，G_1 工作，G_2 禁止，数据 D_1 经反相后传送到总线上，即把 $\overline{D_1}$ 传送到总线上；当 EN=0 时，G_1 禁止，G_2 工作，总线上的数据 D_0 经反相后从总线传送出来，从而构成双向传输功能。

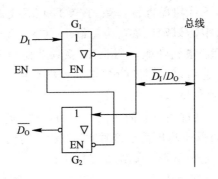

图 2-20　三态门实现数据的双向传输

2.3.4　其他 TTL 逻辑门电路

TTL 门电路除以上介绍的，还有 TTL 反相器、或非门、与门、或门、与或非门和异或门及带有施密特触发器功能的门电路等，在实际工作中可通过查阅器件手册使用。双极型数字集成电路除 TTL 门电路外，还有发射极耦合电路（ECL 电路）、注入逻辑电路（I^2L 电路）等多种，详细内容可查阅相关资料。

2.3.5　TTL 电路产品系列

TTL 数字集成电路主要有 CT54 系列（用于军品）和 CT74 系列（用于民品）两大类，其主要区别在于电源电压和工作温度。TTL 电路采用双极型工艺制造，具有高速度低功耗和品种多等特点。从开发成功第一代产品以来现有以下几代产品，其分类及主要参数如表 2-8 所示。

表 2-8　TTL 系列分类及主要参数

系列	名称	国际符号	平均传输延迟时间 t_{pd}/ns	平均功耗 $\bar{P}$/mW
TTL	标准 TTL 系列	CT54/74…	10	10
HTTL	高速 TTL 系列	CT54H/74H…	6	22
LTTL	低功耗 TTL 系列	CT54L/74L…	33	1
STTL	肖特基 TTL 系列	CT54S/74S…	3	19
LSTTL	低功耗肖特基 TTL 系列	CT54LS/74LS…	9.5	2
ALSTTL	先进低功耗肖特基 TTL 系列	CT54ALS/74ALS…	3.5	1
ASTTL	先进肖特基 TTL 系列	CT54AS/74AS…	3	8

TTL 数字集成电路主要有 CT74 标准系列、CT74L 低功耗系列、CT74H 高速系列、

CT74S 肖特基系列、CT74LS 低功耗肖特基系列、CT74AS 先进肖特基系列和 CT74ALS 先进低功耗肖特基系列。其中，CT74L 系列功耗最小，CT74AS 系列工作频率最高。通常用功耗－延迟积来综合评价门电路性能。CT74LS 系列功耗－延迟积很小、性能优越、品种多、价格便宜，实用中多选用之。ALSTTL 系列性能更优于 LSTTL，但品种少、价格较高。

在不同子系列 TTL 中，器件型号后面几位数字相同时，通常逻辑功能、外型尺寸、外引线排列都相同。但工作速度(平均传输延迟时间 t_{pd})和平均功耗不同。实际使用时，高速门电路可以替换低速的；反之则不行。如图 2-21 所示，XX74XX00 引脚图，为双列直插 14 引脚四 2 输入与非门，其型号可以是 CT7400、CT74L00、CT74H00、CT74S00、CT74LS00、CT74AS00、CT74ALS00。

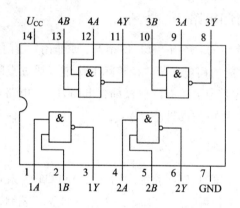

图 2-21　XX74XX00 引脚图

2.3.6　TTL 集成逻辑门电路使用注意事项

1. 输出端的连接

(1) 普通 TTL 门输出端不允许直接并联使用。

(2) 三态输出门的输出端可并联使用，但同一时刻只能有一个门工作，其他门输出处于高阻状态。

(3) 集电极开路门输出端可并联使用，但公共输出端和电源 U_{CC} 之间应接负载电阻 R_L。

(4) 输出端不允许直接接电源 U_{CC} 或直接接地。输出电流应小于产品手册上规定的最大值。

2. 闲置输入端的处理

(1) 与门和与非门的多余输入端接逻辑 1 或者与有用输入端并接。TTL 电路输入端悬空时相当于输入高电平，做实验时与门和与非门等的多余输入端可悬空，但实际使用中多余输入端一般不悬空，以防止干扰。

(2) 或门和或非门的多余输入端接逻辑 0 或者与有用输入端并接。

3. 电源电压及电源干扰的消除

(1) 对 54 系列电源电压应满足(5±10%)V，对 74 系列电源电压应满足(5±5%)V。

（2）为防止动态尖峰电流或脉冲电流通过公共电源内阻耦合到逻辑电路造成干扰，需对电源进行滤波。

4．电路安装接线和焊接应注意的问题

（1）连线要尽量短，最好用绞合线；整体接地要好，地线要粗而短。

（2）焊接用的电烙铁不大于 25 W，焊接时间要短；焊接完毕后，用少许酒精清洗。

2.4　COMS 集成门电路

CMOS 门电路是由增强型 PMOS 管和增强型 NMOS 管组成的互补对称电路，具有静态功耗低、抗干扰能力强、工作稳定性好、开关速度高等优点。下面介绍 CMOS 反相器、CMOS 与非门、CMOS 或非门和 CMOS 传输门等几种主要的 CMOS 门电路。

2.4.1　CMOS 门电路

1．CMOS 反相器

CMOS 反相器是 CMOS 集成电路最基本的逻辑元件之一，其电路如图 2-22(a) 所示。其中，V_N 是 N 沟道增强型 MOS 管，V_P 是 P 沟道增强型 MOS 管，两管参数对称，V_N 作驱动管，V_P 作负载管，两管的栅极相连作为反相器的输入端，两管漏极相连引出输出端，两管开启电压的绝对值相等。

CMOS 集成门电路 TTL 和
CMOS 电路接口 TTL
逻辑门电路参数

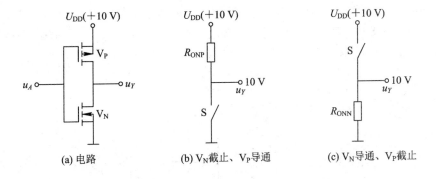

图 2-22　CMOS 反相器

工作过程是：

（1）$u_A = 0$ V 时，V_N 截止，V_P 导通。输出电压 $u_Y \approx U_{DD} = 10$ V，等效为图 2-22(b)。

（2）$u_A = 10$ V 时，V_N 导通，V_P 截止。输出电压 $u_Y \approx 0$ V，等效为图 2-22(c)。

所以，其逻辑函数表达式为 $Y = \overline{A}$，该电路称为 CMOS 非门电路或 CMOS 反相器。在该电路中，V_N、V_P 总是一管导通、一管截止，工作于互补状态，其静态漏极电流为零，因此，CMOS 电路静态功耗极小，由于输出低电平约为 0 V，高电平约为 U_{DD}，因此输出的逻辑幅度大。

2．CMOS 与非门

电路如图 2-23 所示，两个 P 沟道增强型 MOS 管 V_{P1}、V_{P2} 并联，两个 N 沟道增强型

MOS 管 V_{N1}、V_{N2} 串联，V_{P1}、V_{N1} 的栅极连接起来是输入端 A，V_{P2}、V_{N2} 的栅极连接起来是输入端 B。

工作过程如下：

（1）A、B 当中有一个或全为低电平时，V_{N1}、V_{N2} 中有一个或全部截止，V_{P1}、V_{P2} 中有一个或全部导通，输出 Y 为高电平。

（2）只有当输入 A、B 全为高电平时，V_{N1} 和 V_{N2} 都导通，V_{P1} 和 V_{P2} 都截止，输出 Y 为低电平。

所以，其逻辑函数表达式为 $Y=\overline{A \cdot B}$。

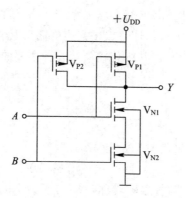

图 2-23　CMOS 与非门

3. CMOS 或非门

电路如图 2-24 所示，串联起来的是两个 P 沟道增强型 MOS 管，并联起来的是两个 N 沟道增强型 MOS 管，V_{P1}、V_{N1} 的栅极连接起来是输入端 A，V_{P2}、V_{N2} 的栅极连接起来是输入端 B。

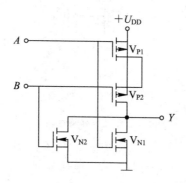

图 2-24　CMOS 或非门

工作过程如下：

（1）A、B 当中有一个或全为高电平时，V_{P1}、V_{P2} 中有一个或全部截止，V_{N1} 和 V_{N2} 中有一个或全部导通，输出 Y 为低电平。

（2）只有当输入 A、B 全为低电平时，V_{P1} 和 V_{P2} 都导通止，V_{N1} 和 V_{N2} 都截止，输出 Y 为高电平。

所以，其逻辑函数表达式为 $Y=\overline{A+B}$。

4. CMOS 漏极开路门

如图 2-25 所示为 CMOS 漏极开路门（OD 门）电路图。MOS 管漏极开路，需外接电源 U'_{DD} 和电阻 R_D 电路才能工作，与 OC 门的功能相似，OD 门常用作驱动器、电平转换器和实现线与等。

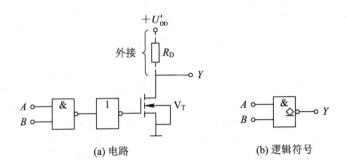

(a) 电路　　　　　　　　　　(b) 逻辑符号

图 2-25　CMOS 漏极开路门

5. CMOS 三态门

如图 2-26(a) 所示是 CMOS 三态门电路图，A 是信号输入端，Y 是输出端，$\overline{EN}$ 是控制端，也叫使能端。其中，V_{P1} 和 V_{N1} 组成 CMOS 反相器，V_{P2} 和 V_{N2} 受使能端 $\overline{EN}$ 控制。

工作过程如下：

(1) 当 $\overline{EN}=1$ 时，V_{P2} 和 V_{N2} 均截止，Y 与地和电源都断开了，输出端呈现为高阻态，用 $Y=Z$ 表示。

(2) 当 $\overline{EN}=0$ 时，V_{P2} 和 V_{N2} 均导通，V_{P1} 和 V_{N1} 组成 CMOS 反相器，用 $Y=\overline{A}$ 表示。

可见电路的输出有高阻态、高电平和低电平 3 种状态，是一种三态门。

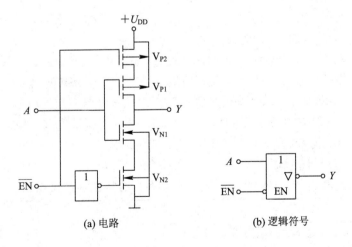

(a) 电路　　　　　　　　　　(b) 逻辑符号

图 2-26　CMOS 三态门

6. CMOS 传输门

如图 2-27(a) 所示是 CMOS 传输门电路图，是由两个参数对称的 N 沟道增强型 MOS 管和 P 沟道增强型 MOS 管并联组成。MOS 管的漏极和源极结构对称，可互换使用，因此 CMOS 传输门的输出端和输入端也可互换。C 和 $\overline{C}$ 为互补控制信号。

工作过程如下：

（1）当 $C=U_{DD}$，$u_I=0\sim U_{DD}$ 时，V_N、V_P 中至少有一管导通，输出与输入之间呈现低电阻，相当于开关闭合。即 $u_O=u_I$，称传输门开通。

（2）当 $C=0$，$\bar{C}=U_{DD}$，$u_I=0\sim U_{DD}$ 时，V_N、V_P 均截止，输出与输入之间呈现高电阻，相当于开关断开。u_I 不能传输到输出端，称传输门关闭。

CMOS 传输门的逻辑符号如图 2-27(b)所示，TG 即 Transmission Gate 的缩写。传输门是一个理想的双向开关，可传输模拟信号，也可传输数字信号。

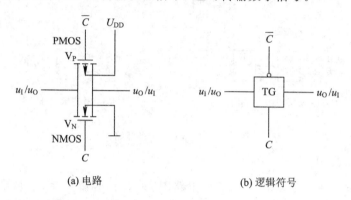

(a) 电路　　　　　　　　　(b) 逻辑符号

图 2-27　CMOS 传输门

2.4.2　CMOS 数字集成电路系列及注意事项

1. CMOS 数字集成电路系列

CMOS4000 系列和高速 CMOS 电路系列是 CMOS 数字集成电路目前的主要产品。CMOS4000 系列的工作电压为 3~18 V，具有功耗低、噪声容限大等优点。高速 CMOS 系列（又称 HCMOS 系列），功耗极低、抗干扰能力强，电源电压范围为 2~6 V，工作频率高，可达 50 MHz，驱动能力强。

CMOS4000 系列和高速 CMOS 电路系列比较，高速 CMOS 电路系列比 CMOS4000 系列具有更高的工作频率和更强的驱动负载的能力。其中 CMOS4000 系列一般用于工作频率 1 MHz 以下、驱动能力要求不高的场合；高速 CMOS 电路系列常用于工作频率 20MHz 以下、要求较强驱动能力的场合。同时，高速 CMOS 电路系列保留了 CMOS4000 系列低功耗、高抗干扰能力的优点，已达到了 CT54/CT74LS 的水平。

CMOS4000 系列与 74HC 系列的主要特性参数（电源电压均为 5V）如表 2-9 所示。

表 2-9　CMOS4000 与 74HC 系列的特性参数比较表

参数名称	CC4000	CC74HC
最小输入高电平 $U_{IH(min)}$ /V	3.5	3.5
最大输入低电平 $U_{IL(max)}$ /V	1.5	1.0
最小输出高电平 $U_{OH(min)}$ /V	4.6	4.4
最大输出低电平 $U_{OL(max)}$ /V	0.05	0.1
最大高电平输入电流 $I_{IH(max)}$ /μA	0.1	0.1

续表

参数名称	CC4000	CC74HC
最大低电平输入电流 $I_{IL(max)}$ /mA	-0.1×10^{-3}	-0.1×10^{-3}
最大高电平输出电流 $I_{OH(max)}$ /mA	0.51	4
最大低电平输出电流 $I_{OL(max)}$ /μA	-0.51	-4
平均传输延迟时间 t_{pl} /ns	45	10
最高工作频率 f_{max} /MHz	3	25
静态平均功耗 P /mW	5×10^3	1×10^3
高电平噪声容限 U_{NH} /V	30%U_{DD}	30%U_{DD}
低电平噪声容限 U_{NL} /V	30%U_{DD}	30%U_{DD}
输出状态转换的阈值电压 U_I /V	1/2U_{DD}	1/2U_{DD}
带同类门的扇出系数 N	>20	>20

2. CMOS 集成逻辑门的使用注意事项

（1）CMOS 电路的电源电压允许范围较大，约在 3～18 V，一般取给定参数最高和最低电压的平均值，抗干扰能力比 TTL 电路强。

（2）CMOS 电路的电源电压极性不可接反，否则，可能会造成电路永久性失效。

（3）在进行 CMOS 电路实验，或对 CMOS 数字系统进行调试、测量时，应先接入直流电源，再接入信号源；使用结束时，应先关信号源，再关直流电源。

（4）闲置输入端不允许悬空：与门和与非门的闲置输入端应接正电源或高电平；或门和或非门的闲置输入端应接地或低电平。一般情况下闲置输入端不宜与使用输入端并联使用，因为这样会增大输入电容使电路的工作速度下降。但在工作速度很低的情况下，允许输入端并联使用。

（5）输出端的连接：输出端不允许直接与电源(U_{DD})或地(U_{SS})相连，否则会因过流而导致 CMOS 管损坏；另外，除输出级采用漏极开路结构以外，不同输出端也不允许并联使用，否则也容易造成输出级损坏；当 CMOS 电路输出端接大容量的负载电容时，为保证流过管子的电流不超过允许值，需在输出端和电容之间串接一个限流电阻。

（6）其他注意事项：焊接时，电烙铁必须接地良好，必要时可将电烙铁的电源插头拔下，利用余热焊接；集成电路在存放和运输时，应放在导电容器或金属容器内；组装、调试时，应使所有的仪表、工作台面等有良好的接地。

2.5 TTL 电路与 COMS 电路的接口

1. TTL 电路驱动 CMOS 电路

TTL 电路驱动 CMOS 电路时，主要考虑的是 TTL 输出电平是否符合 CMOS 电路输入电平的要求。当电源电压都为 5 V 时，TTL 电路输出低电平，满足驱动 CMOS 电路输入的要求，而输出高电平的下限值小于 CMOS 电路输入高电平的下限值，它们之间不能直接驱动。因此，应设法提高 TTL 电路输出高电平的下限值，使其大于 CMOS 电路输入高电平的下限值。

如图 2-28 所示，在 TTL 电路输出端与电源之间接一上拉电阻 R_L，提高输出电压，以满足后级 CMOS 电路高电平输入的需要，这时的 CMOS 电路就相当于一个同类型的 TTL 负载。对于 74 系列和 74LS 系列而言，R_L 的取值为 390 Ω～4.7 kΩ, 820 Ω～12 kΩ。

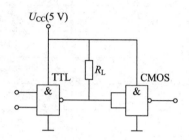

图 2-28　TTL 电路驱动 CMOS 电路

TTL 器件与 74HCT 以后的系列电压兼容，因此两者可以直接相连，不需外加其他器件。例如，高速 CMOS 电路 CC74HCT 系列在制造时已考虑到和 TTL 电路的兼容问题，它的输入高电平 $U_{IH(min)} = 2$ V，而 TTL 电路输出的高电平 $U_{OH(min)} = 2.7$ V，因此，TTL 电路的输出端可直接与高速 CMOS 电路 74HCT 系列的输入端相连，不需外加其他器件。

2. CMOS 电路驱动 TTL 电路

CMOS4000 系列电路输出的高、低电平都满足要求，但由于 TTL 电路输入低电平电流较大，而 CMOS4000 系列电路输出低电平电流却很小，灌电流负载能力很差，不能向 TTL 提供较大的低电平电流。因此，应设法提高 CMOS4000 系列电路输出低电平电流的能力。解决方法：可将同一芯片上的多个 CMOS 并联作驱动门，或者在 CMOS 电路输出端和 TTL 电路输入端之间接入 CMOS 驱动器。

高速 CMOS 电路的电源电压 $U_{DD} = U_{CC} = 5$ V 时，例如，CC74HCT 系列电路的输出端和 TTL 电路的输入端可直接相连。

2.6　实训——产品质量检测仪的设计与制作

1. 设计要求

产品质量检测仪广泛应用于各种企业对生产产品进行质检的过程中，当产品生产出来在到达用户之前，需要专业的产品质检员对产品进行监测认定并表决。假设有 3 位质检员，同时检测一个产品，产品质量是否合格的表决由每位质检员按下自己面前的按钮来确定。只有当 2 位或 2 位以上质检员认为产品合格时，产品才算合格。若 3 位都认为合格，则该产品认定为优质。

2. 组成原理

如图 2-29 所示为产品质量检测仪的电路组成，由图可以看出该电路需要的实训设备和器材有：74LS08 芯片 2 片、74LS32 芯片 1 片、74LS04 芯片 1 片，还有 1 个 510 欧姆电阻和 3 个发光二极管和按键组成。

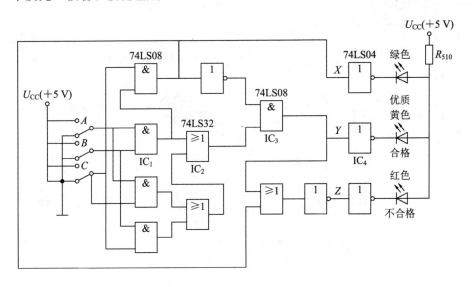

图 2-29 产品质量检测仪原理图

3. 工作过程

有 3 位质检员同时检测一个产品，若质检员认为产品合格，则不按按钮，得到的输入信号是数字逻辑 1，若质检员认为产品不合格，则按下按钮，得到的输入信号是数字逻辑 0。电路共有 3 个输出分别接 3 个发光二极管，表示产品的 3 种质量等级，3 种质量等级分别是优质、合格和不合格。

若 3 位质检员都认定产品合格，则产品质量为优质，优质对应的绿色发光二极管点亮，其余 2 个发光二极管为熄灭状态。

若 3 位质检员中只有 2 位认定产品合格，则产品质量合格，合格对应的黄色发光二极管点亮，其余 2 个发光二极管为熄灭状态。

若 3 位质检员中只有 1 位认定产品合格，或 3 位质检员都认为产品不合格，则产品质量不合格，不合格对应的红色二极管点亮，其余 2 个发光二极管为熄灭状态则产品质量不合格。

由以上输入输出逻辑可以列出三个输出信号的逻辑表达式：

$$X = ABC$$
$$Y = (AB + BC + AC)\overline{X}$$
$$Z = \overline{X + Y}$$

根据电路原理图，产品质量检测仪仿真图如图 2-30 所示。

4. 安装与调试

根据产品质量检测仪的逻辑电路图，画出布线图。根据按照布线图按正确方法插好集成 IC 芯片，并连接线路，通过按钮进行功能调试。

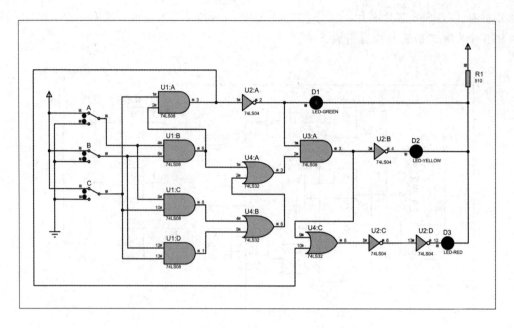

图 2 - 30　产品质量检测仪仿真图

本 章 小 结

(1) 利用二极管和三极管可构成简单的与门电路、或门电路和非门电路，它们是集成逻辑门电路的基础。

(2) 本章以 TTL 与非门为例介绍了集成电路内部电路结构和工作原理，目的是为了加深对器件外部特性的理解。在学习 TTL 和 CMOS 集成电路时，重点学习其外特性，即输入与输出之间的逻辑关系和外部的电气特性，包括电压传输特性、输入负载特性和输出负载特性等。

(3) 对 TTL 和 CMOS 门电路中的集电极开路门(OC 门)和漏极开路门(OD 门)，其输出端可以并联使用，实现线与。三态门(TSL)可以实现总线结构。

(4) 为了更好地使用数字集成芯片，除掌握其外部电气特性和主要参数外，还应能正确处理多余端能正确解决不同类型电路接口等问题。

习　题　2

一、填空题

1. TTL 电路是由_____组成的逻辑电路，并因此而得名。

2. 门电路输出为_____电平时的负载为拉电流负载，输出为_____电平时的负载为灌电流负载。

3. 晶体三极管作为电子开关时，其工作状态必须为____状态或_____状态。

4. OC 门称为_____门，多个 OC 门输出端并联到一起可实现_____功能。

5. 集电极开路门的英文缩写为_____门，工作时必须外加_____和_____。

6. _____门电路的输入电流始终为零。

7. CMOS 门电路的闲置输入端不能_____，对于与门应当接到_____电平，对于或门应当接到_____电平。

8. 在不影响逻辑功能的情况下，CMOS 或非门多余端可接_____。

9. TTL 与非门电压传输特性曲线分为_____区、_____区、_____区、_____区。

10. 国产 TTL 电路_____相当于国际 SN54/74LS 系列，其中 LS 表示_____。

二、选择题

1. 三态门输出高阻状态时，(   )是正确的说法。

A. 用电压表测量指针不动   B. 相当于悬空

C. 电压不高不低   D. 测量电阻指针不动

2. 以下电路中可以实现"线与"功能的有(   )。

A. 与非门   B. 三态输出门

C. 集电极开路门   D. 漏极开路门

3. 以下电路中常用于总线应用的有(   )。

A. TSL 门   B. OC 门

C. 漏极开路门   D. CMOS 与非门

4. 逻辑表达式 $Y=AB$ 可以用(   )实现。

A. 正或门   B. 正非门   C. 正与门   D. 负或门

5. 对于 TTL 与非门闲置输入端的处理，可以(   )。

A. 接电源   B. 通过电阻 3 kΩ 接电源

C. 接地   D. 与有用输入端并联

6. 如图 2-31 所示三态门在 $\overline{EN}=1$ 时，Y 的输出状态是(   )。

A. 高阻态   B. 高电平   C. 低电平   D. 不确定

7. 如图 2-32 所示为 TTL 逻辑门，其输出 Y 为(   )。

A. $\overline{AB+C}$ B. $\overline{A+BC}$ C. $\overline{A+B+C}$ D. $\overline{AB}$

8. 如图 2-33 所示电路实现的逻辑功能是(   )。

A. $Y=\overline{A+B}$ B. $Y=\overline{AB}$ C. $Y=A\oplus B$ D. $Y=A\odot B$

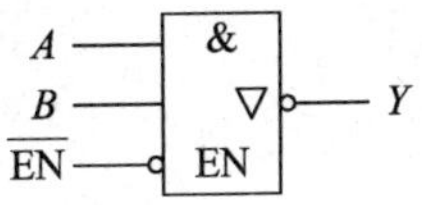

图 2-31 题图 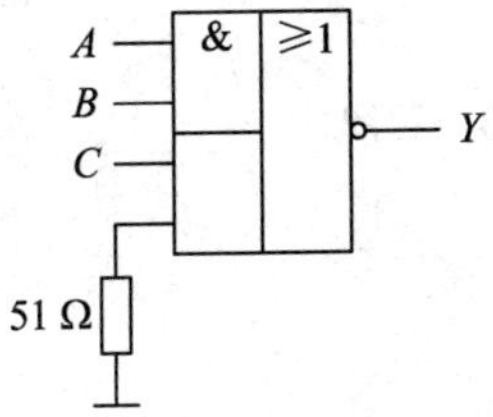   图 2-32 题图 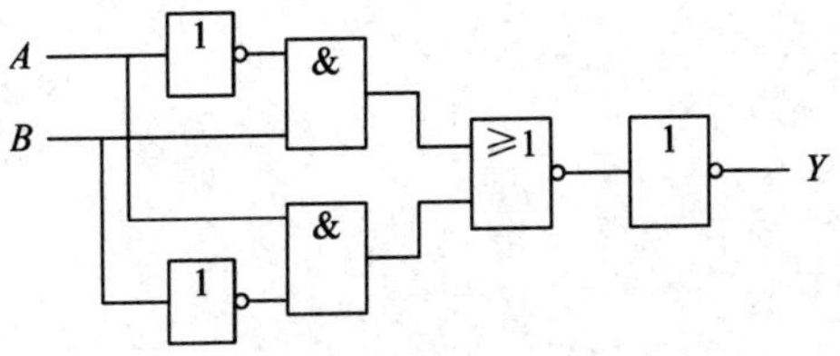   图 2-33 题图

三、解答题

1. 具有推拉输出级的 TTL 与非门输出端是否可以直接连接在一起，为什么？

2. 试比较 TTL 电路和 CMOS 电路的优、缺点。

3. 试说明能否将与非门、或非门、异或门当做反相器使用？如果可以，写出其他输入端的一种正确连接方式？

四、分析题

分析并判断图 2-34 中，哪个电路是正确的，并写出其表达式。

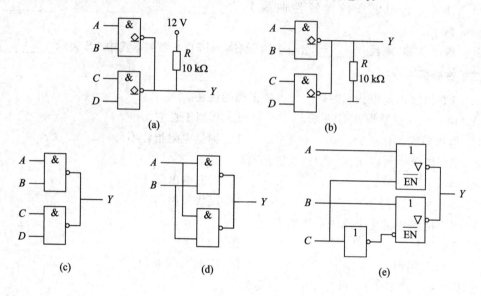

图 2-34 题图

五、画图题

写出如图 2-35(a)所示开关电路中 Y 和 A、B、C 之间的逻辑关系的真值表、函数式和逻辑电路图。若已知变化波形如图 2-35(b)所示，画出 Y_1、Y_2 的波形。

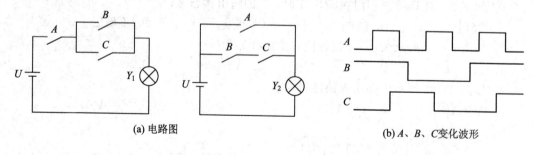

图 2-35 题图

第 3 章　组合逻辑电路

　　本章系统地讲述了组合逻辑电路的工作原理、分析和设计方法。本章首先介绍了组合逻辑电路的特点和分析、设计方法，然后详细介绍了一些常用的中规模集成电路和相应的功能电路，如编码器、译码器、数据选择器和分配器、加法器和数值比较器等，在此基础上，简单介绍了竞争-冒险现象及其消除方法，最后以一个实训介绍组合逻辑电路的应用。

3.1　概　　述

组合逻辑电路

　　在数字系统中，根据输出与输入的逻辑关系是否与时间有关这一特点，可以将数字电路分为两大类，一类是组合逻辑电路；另一类是时序逻辑电路。

　　组合逻辑电路的特点是输出与输入的逻辑关系与时间无关，任意时刻的输出仅仅取决于该时刻的输入，与电路原来所处的状态无关。

　　时序逻辑电路的特点是输出与输入的逻辑关系与时间有关，任意时刻的输出不仅取决于该时刻的输入，而且与电路原来所处的状态有关。

　　因组合逻辑电路的输出与输入的逻辑关系与时间无关，所以，组合逻辑电路不需要记忆元件来记住电路的原来状态，没有反馈回路，仅用各种门电路就可以组成组合逻辑电路。最简单的组合逻辑电路就是第 2 章介绍的各种门电路，门电路是组合电路的基本单元，组合逻辑电路的组成框图如图 3-1 所示。

图 3-1　组合逻辑电路的组成框图

　　根据组合逻辑电路的组成框图可得组合逻辑电路输出与输入的函数关系为 $Y = F(X)$。从上述可知，组合逻辑电路的特点就是即刻输入、即刻输出。

　　描述一个组合电路逻辑功能的方法有很多，通常有逻辑函数表达式、真值表、逻辑图、卡诺图和波形图 5 种。它们各有特点，又相互联系，还可以相互转换。

3.2　组合逻辑电路的分析方法和设计方法

3.2.1　组合逻辑电路的分析方法

　　组合逻辑电路的分析是指已知逻辑图，求解电路的逻辑功能。

1．分析方法

分析组合逻辑电路的步骤如下：

（1）根据给出的逻辑电路图，先逐级写出逻辑函数表达式，最终写出输出与输入的逻辑函数表达式。

（2）用代数法或卡诺图法化简输出函数。

（3）根据化简后的逻辑函数表达式列出真值表或画出波形图。

（4）根据真值表或波形图分析电路的逻辑功能。

（5）必要时可对电路进行简要的文字描述，或改进设计。

组合逻辑电路的分析框图如图 3-2 所示。

图 3-2　组合逻辑电路的分析框图

2．分析举例

下面举例说明组合逻辑电路分析的过程。

例 3-1　分析如图 3-3 所示的组合逻辑电路的功能。

解　根据电路中每个逻辑门电路的功能，从输入到输出逐级写出各逻辑门的函数表达式。Y_1 的输出表达式是

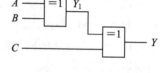

图 3-3　例 3-1 的逻辑电路

$$Y_1 = A \oplus B$$

输出逻辑表达式为

$$Y = A \oplus B \oplus C$$

此逻辑表达式已经是最简式不需要化简。

列出该逻辑函数的真值表，如表 3-1 所示。

表 3-1　例 3-1 真值表

A	B	C	Y
0	0	0	0
0	0	1	1
0	1	0	1
0	1	1	0
1	0	0	1
1	0	1	0
1	1	0	0
1	1	1	1

从真值表分析电路的逻辑功能，当 3 个输入变量 A、B、C 中有奇数个取值为 1 时，逻

辑电路的输出 Y 为 1；否则，输出 Y 均为 0。通常称该电路为"三变量奇偶校验电路"。

由上述分析可知，该电路的设计方案最简。

例 3-2 分析如图 3-4 所示电路的逻辑功能。

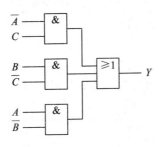

图 3-4 例 3-2 的逻辑电路

解 写出该电路输出函数的逻辑表达式：

$$Y=\overline{A}C+B\overline{C}+A\overline{B}$$

列出函数的真值表，如表 3-2 所示。

表 3-2 例 3-2 真值表

A	B	C	Y
0	0	0	0
0	0	1	1
0	1	0	1
0	1	1	1
1	0	0	1
1	0	1	1
1	1	0	1
1	1	1	0

逻辑功能分析：由真值表可知，当输入变量 A、B、C 同时为 1 或 0 时，输出变量 Y 为 0，由此可确定该电路是判断三个变量是否一致的电路。

例 3-3 分析图 3-5 给定组合逻辑电路的功能。

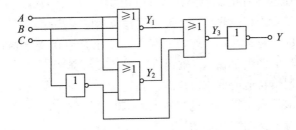

图 3-5 例 3-3 的逻辑电路

解 根据已知的逻辑电路图，写出输出各级门电路的逻辑函数表达式。

$$Y_1=\overline{A+B+C}$$

$$Y_2 = \overline{A + \overline{B}}$$

$$Y_3 = \overline{Y_1 + Y_2 + \overline{B}}$$

$$Y = \overline{Y_3} = Y_1 + Y_2 + \overline{B} = \overline{A + B + C} + \overline{A + \overline{B}} + \overline{B}$$

化简输出函数表达式为

$$Y = \overline{A}\,\overline{B}\,\overline{C} + \overline{A}B + \overline{B} = \overline{A} + \overline{B} = \overline{AB}$$

该逻辑函数的真值表，如表 3 - 3 所示。

根据表达式或真值表可知逻辑功能为与非逻辑功能。

表 3 - 3　例 3 - 3 真值表

A	B	C	Y
0	0	0	1
0	0	1	1
0	1	0	1
0	1	1	1
1	0	0	1
1	0	1	1
1	1	0	0
1	1	1	0

3.2.2　组合逻辑电路的设计方法

组合逻辑电路的设计是指已知电路逻辑功能的要求，将逻辑电路设计出来。与分析过程相反，对于提出的实际逻辑问题，得到满足这一逻辑问题的逻辑电路。通常要求电路简单，所用器件种类和基本逻辑门的数目尽可能少，所以还要化简逻辑函数，得到最简逻辑表达式，有时还需要一定的转换，以便能用最少的门电路来组成逻辑电路，使电路结构紧凑，工作可靠且经济。电路的实现可以采用小规模集成器件、中规模组合集成器件或者可编程逻辑器件。因此逻辑函数的化简也要结合所选用的器件进行。

1. 设计方法

一般组合逻辑电路的设计要求电路简单、所用器件少、并且尽量减少所用集成器件的种类，所以在设计中需要进行逻辑化简。设计过程包括以下步骤：

（1）明确实际问题的逻辑功能。许多实际设计要求是使用文字描述的，因此，需要确定实际问题的逻辑功能，并确定输入、输出变量数及表示符号。

（2）根据对电路逻辑功能的要求，列出真值表。

（3）根据真值表求得出逻辑函数的"最小项之和"表达式。

（4）用代数法或者卡诺图法化简逻辑函数，也可以直接由真值表画卡诺图化简。根据实际要求把函数表达式转换成需要的形式。

（5）根据逻辑函数表达式画出逻辑电路图。

组合逻辑电路的设计流程如图 3 - 6 所示。

图 3-6 组合逻辑电路的设计流程

2. 设计举例

例 3-4 试用与非门设计一个三变量表决电路。当表决某一提案时，只有两个及以上人同意，该提案就通过，否则该提案不通过。

解 分析逻辑规律，设定输入、输出变量及其赋值意义。根据题意，设 A、B、C 分别代表参加表决的甲、乙、丙三个逻辑变量，表决结果用逻辑函数 Y 表示。A、B、C 逻辑变量取值为 0 表示反对，取值为 1 表示同意；逻辑函数 Y 取值为 0 表示提案被否决，逻辑函数 Y 取值为 1 表示提案通过。

根据逻辑功能建立真值表，如表 3-4 所示。

表 3-4 例 3-4 真值表

A	B	C	Y
0	0	0	0
0	0	1	0
0	1	0	0
0	1	1	1
1	0	0	0
1	0	1	1
1	1	0	1
1	1	1	1

根据真值表求得输出逻辑函数的最小项表达式（这一步也可以省略）。

$$Y = \sum m(3, 5, 6, 7)$$

用卡诺图化简上述逻辑函数，如图 3-7 所示。

根据卡诺图可得输出逻辑函数的最简与或表达式为 $Y = AB + AC + BC$。

因题中要求使用与非门实现这一逻辑功能，所以将其化为与非-与非的形式：

$$Y = \overline{\overline{AB + AC + BC}} = \overline{\overline{AB} \cdot \overline{AC} \cdot \overline{BC}}$$

根据逻辑函数表达式画出逻辑电路图，如图 3-8 所示。

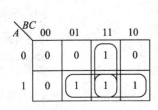

图 3-7 例 3-4 的卡诺图

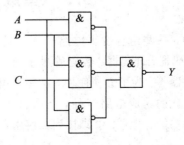

图 3-8 例 3-4 的逻辑电路

例 3-5 设计一个自动控制系统中的电动机工作故障指示电路，具体要求如下：

（1）两台电动机同时工作时，绿灯亮。

（2）一台电动机发生故障时，黄灯亮。

（3）两台电动机同时发生故障时，红灯亮。

解 设逻辑变量 A、B 分别两台电动机，0 表示电动机正常工作，1 表示电动机发生故障；变量 $Y_绿$、$Y_黄$、$Y_红$ 分别表示绿灯、黄灯、红灯；1 表示灯亮，0 表示灯灭。

根据题目要求建立真值表如表 3-5 所示。

根据真值表求得输出逻辑函数的表达式如下：

$$Y_绿 = \overline{A}\,\overline{B}$$
$$Y_黄 = \overline{A}B + A\overline{B} = A \oplus B$$
$$Y_红 = AB$$

由于上述逻辑函数的表达式都是最简，所以不用再化简。

根据逻辑函数表达式画出逻辑电路图，如图 3-9 所示。

表 3-5　例 3-5 真值表

A	B	$Y_绿$	$Y_黄$	$Y_红$
0	0	1	0	0
0	1	0	1	0
1	0	0	1	0
1	1	0	0	1

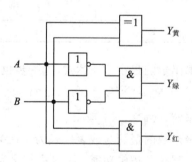

图 3-9　例 3-5 的逻辑电路

3.3　集成组合逻辑电路

实践中，一些组合逻辑电路经常大量地出现在各种数字系统中，如编码器、译码器、数码管显示器、数据选择器、数值比较器和加法器等。为了方便使用，这些常用的组合逻辑电路已经制成了标准化的集成电路产品，下面将逐一介绍这些集成组合逻辑器件的功能、符号、引脚排列和使用等。

集成组合逻辑电路

3.3.1　编码器

在数字系统中，常常将具有特定意义的信息转换为相应的二进制代码，将此过程称为编码。编码器是一个可以将不同的输入状态转换成二进制代码输出的器件。编码器是数字电路中常用的集成电路之一，在计算机的输入设备键盘内部就含有编码器，在电器设备的遥控器内部也含有编码器。编码器有二进制编码器、二-十进制编码器和优先编码器 3 种。

1. 二进制编码器

1）4 线-2 线编码器

编码器有若干个输入，在某一时刻只有一个输入信号被转换为二进制代码。用 n 位二进制代码对 2^n 个信号进行编码的电路，称为二进制编码器。

下面分析 4 线-2 线编码器（即 4 输入-2 输出编码器）的工作原理。

4 线-2 线编码器的功能表如表 3-6 所示。

表 3-6　4 线-2 线编码器的功能表

输　　入				输　　出	
I_3	I_2	I_1	I_0	Y_1	Y_0
0	0	0	1	0	0
0	0	1	0	0	1
0	1	0	0	1	0
1	0	0	0	1	1

编码器为高电平输入有效，即输入为高电平 1 时相应有输出。因此可以由功能表得到如下逻辑表达式

$$Y_1 = \overline{I_0}\ \overline{I_1} I_2 \overline{I_3} + \overline{I_0}\ \overline{I_1}\ \overline{I_2} I_3$$
$$Y_0 = \overline{I_0} I_1 \overline{I_2}\ \overline{I_3} + \overline{I_0}\ \overline{I_1}\ \overline{I_2} I_3$$

将上述逻辑表达式转换为与非-与非表达式

$$Y_1 = \overline{\overline{I_0}\ \overline{I_1} I_2 \overline{I_3} \cdot \overline{I_0}\ \overline{I_1}\ \overline{I_2} I_3}$$
$$Y_0 = \overline{\overline{I_0} I_1 \overline{I_2}\ \overline{I_3} \cdot \overline{I_0}\ \overline{I_1}\ \overline{I_2} I_3}$$

可以画出用与非门实现的逻辑电路如图 3-10 所示。该逻辑电路可以实现如表 3-6 所示的编码功能，即当 $I_0 \sim I_3$ 中某一个输入为 1，输出 $Y_1 Y_0$ 即为与其输入信号下标相对应的二进制代码。例如，当 $I_2 = 1$ 时，$Y_1 Y_0$ 为 10。

2）8 线-3 线编码器

当 8 线-3 线编码器的输入为 $I_0 \sim I_7$ 8 个信号时，输出为 $Y_2 Y_1 Y_0$ 3 位二进制代码。下面分析 8 线-3 线编码器的工作原理。

8 线-3 线编码器的功能表如表 3-7 所示。

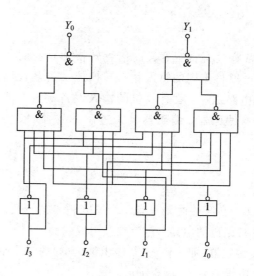

图 3-10 4 线-2 线编码器逻辑电路

表 3-7 8 线-3 线编码器的功能表

输　　　　入								输　　出		
I_7	I_6	I_5	I_4	I_3	I_2	I_1	I_0	Y_2	Y_1	Y_0
0	0	0	0	0	0	0	1	0	0	0
0	0	0	0	0	0	1	0	0	0	1
0	0	0	0	0	1	0	0	0	1	0
0	0	0	0	1	0	0	0	0	1	1
0	0	0	1	0	0	0	0	1	0	0
0	0	1	0	0	0	0	0	1	0	1
0	1	0	0	0	0	0	0	1	1	0
1	0	0	0	0	0	0	0	1	1	1

由上述编码器功能表得到如下逻辑表达式

$$Y_2 = I_4 + I_5 + I_6 + I_7 = \overline{\overline{I_4}\ \overline{I_5}\ \overline{I_6}\ \overline{I_7}}$$

$$Y_1 = I_2 + I_3 + I_6 + I_7 = \overline{\overline{I_2}\ \overline{I_3}\ \overline{I_6}\ \overline{I_7}}$$

$$Y_0 = I_1 + I_3 + I_5 + I_7 = \overline{\overline{I_1}\ \overline{I_3}\ \overline{I_5}\ \overline{I_7}}$$

相应的逻辑电路如图 3-11 所示。该逻辑电路可以实现如表 3-7 所示的编码功能，即当 $I_0 \sim I_7$ 中某一个输入为 1 时，输出 $Y_2 Y_1 Y_0$ 即为与其输入信号下标相对应的二进制代码。例如，当 I_5 为 1 时，$Y_2 Y_1 Y_0$ 为 101。

2. 二-十进制编码器

将 0～9 这 10 个十进制数转换为二进制代码的电路称为二-十进制编码器，也叫 8421BCD 码编码器。下面分析 8421BCD 码编码器的工作原理。

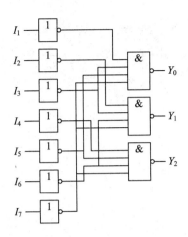

图 3-11　8 线-3 线编码器逻辑电路

8421BCD 码编码器的功能表如表 3-8 所示。

表 3-8　8421BCD 码编码器的功能表

I_9	I_8	I_7	I_6	I_5	I_4	I_3	I_2	I_1	I_0	Y_3	Y_2	Y_1	Y_0
0	0	0	0	0	0	0	0	0	1	0	0	0	0
0	0	0	0	0	0	0	0	1	0	0	0	0	1
0	0	0	0	0	0	0	1	0	0	0	0	1	0
0	0	0	0	0	0	1	0	0	0	0	0	1	1
0	0	0	0	0	1	0	0	0	0	0	1	0	0
0	0	0	0	1	0	0	0	0	0	0	1	0	1
0	0	0	1	0	0	0	0	0	0	0	1	1	0
0	0	1	0	0	0	0	0	0	0	0	1	1	1
0	1	0	0	0	0	0	0	0	0	1	0	0	0
1	0	0	0	0	0	0	0	0	0	1	0	0	1

如表 3-8 所示的编码器输入为 10 个互斥的数码，输出为 4 位二进制代码。由功能表得到逻辑表达式为

$$Y_3 = I_8 + I_9 = \overline{\overline{I_8}\ \overline{I_9}}$$

$$Y_2 = I_4 + I_5 + I_6 + I_7 = \overline{\overline{I_4}\ \overline{I_5}\ \overline{I_6}\ \overline{I_7}}$$

$$Y_1 = I_2 + I_3 + I_6 + I_7 = \overline{\overline{I_2}\ \overline{I_3}\ \overline{I_6}\ \overline{I_7}}$$

$$Y_0 = I_1 + I_3 + I_5 + I_7 + I_9 = \overline{\overline{I_1}\ \overline{I_3}\ \overline{I_5}\ \overline{I_7}\ \overline{I_9}}$$

可以画出逻辑电路图如图 3-12 所示。该逻辑电路可以实现如表 3-8 所示的编码功能。即当 $I_0 \sim I_9$ 中某一个输入为 1 时，输出 $Y_3Y_2Y_1Y_0$ 为与其输入信号下标相对应的二进制代码。例如，当 I_9 为 1 时，$Y_3Y_2Y_1Y_0$ 为 1001。

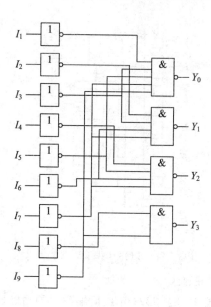

图 3-12 8421BCD 码编码器逻辑电路

3. 优先编码器

前面介绍的编码器中，只允许一个信号输入，即输入信号之间是相互排斥的。当同时输入多个信号时，上述编码器输出将发生混乱。为解决这个问题，提出了优先编码器。

在优先编码器中，当同时有两个以上的信号输入时，编码器只对其中优先级最高的输入信号进行编码，这样就避免了输出混乱的问题。优先级在编码器设计时已预先设定。下面介绍两种常用的 8 线-3 线优先编码器 74LS148 和 10 线-4 线优先编码器 74LS147。

1）8 线-3 线优先编码器 74LS148

该编码器有 8 个信号输入端，3 个二进制代码输出端。此外，还有输入使能端 $\overline{S}$，扩展输出端 $\overline{Y_{EX}}$ 和优先编码器使能输出端 $\overline{Y_S}$。74LS148 功能如表 3-9 所示。

表 3-9 8 线-3 线优先编码器 74LS148 功能表

输　　　　　入									输　　　出				
$\overline{S}$	$\overline{I_7}$	$\overline{I_6}$	$\overline{I_5}$	$\overline{I_4}$	$\overline{I_3}$	$\overline{I_2}$	$\overline{I_1}$	$\overline{I_0}$	$\overline{Y_2}$	$\overline{Y_1}$	$\overline{Y_0}$	$\overline{Y_{EX}}$	$\overline{Y_S}$
1	×	×	×	×	×	×	×	×	1	1	1	1	1
0	1	1	1	1	1	1	1	1	1	1	1	1	0
0	0	×	×	×	×	×	×	×	0	0	0	0	1
0	1	0	×	×	×	×	×	×	0	0	1	0	1
0	1	1	0	×	×	×	×	×	0	1	0	0	1
0	1	1	1	0	×	×	×	×	0	1	1	0	1
0	1	1	1	1	0	×	×	×	1	0	0	0	1
0	1	1	1	1	1	0	×	×	1	0	1	0	1
0	1	1	1	1	1	1	0	×	1	1	0	0	1
0	1	1	1	1	1	1	1	0	1	1	1	0	1

由此功能表可以看出其输入和输出(除$\overline{Y_S}$)均为低电平有效，输出的二进制代码为反码。在 8 个输入$\overline{I_0} \sim \overline{I_7}$中，$\overline{I_7}$级别最高，$\overline{I_6}$次之，以此类推。即当$\overline{I_7}=0$时，其余输入信号不论是 0 还是 1 都不起作用，此时只对$\overline{I_7}$进行编码，输出$\overline{Y_2}\ \overline{Y_1}\ \overline{Y_0}=000$，此为反码，其原码为 111。

当使能输入端$\overline{S}=1$时，编码器不工作，当$\overline{S}=0$时，编码器工作，即低电平有效。当扩展输出端$\overline{Y_{EX}}=0$时，表示编码输出；若$\overline{Y_{EX}}=1$，则表示非编码输出。若优先编码使能输出位$\overline{Y_S}=1$，$\overline{Y_{EX}}=0$，则进行优先编码；若$\overline{Y_S}=0$，$\overline{Y_{EX}}=1$，则无编码输出。$\overline{Y_S}$和$\overline{S}$配合使用可以实现多级编码器之间的优先级控制。74LS148 逻辑功能示意图和引脚排列图如图 3-13 所示。

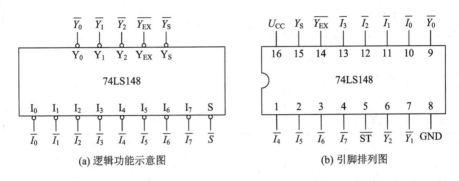

(a) 逻辑功能示意图　　　　　　　　　　　　(b) 引脚排列图

图 3-13　74LS148 逻辑功能示意图和引脚排列图

采用一片 74LS148 只能进行 8 线-3 线编码，若将两片 74LS148 级联则可以实现组成 16 线-4 线编码器。用两片 74LS148 构成 16 线-4 线编码器逻辑电路如图 3-14 所示。

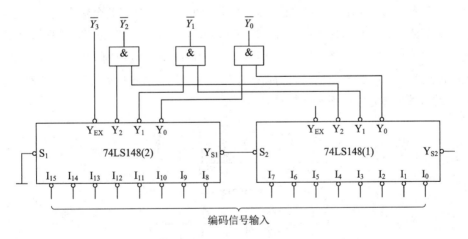

图 3-14　两片 74LS148 级联构成 16 线-4 线编码器逻辑电路

如图 3-14 所示，高位片$\overline{S_1}=0$允许对输入端$\overline{I_8} \sim \overline{I_{15}}$编码，高 8 位编码时，$\overline{Y_{S1}}=1$，所以$\overline{S_2}=1$，则高位片编码，低位片禁止编码，所以低位输出均为 1，高位$\overline{Y_3}=0$，接高位扩展输出端，高位编码时为 0，其他输出端与输入端关系按照功能表规律输出；但若$\overline{I_8} \sim \overline{I_{15}}$都是高电平，均无编码请求，则$\overline{Y_3}=1$，$\overline{Y_{S1}}=0$，允许低位$\overline{I_0} \sim \overline{I_7}$编码。显然，高位片 74LS148(2) 的优先级别高于低位片 74LS148(1)。

2）10 线-4 线优先编码器 74LS147

常用的优先编码器中除了上面提到的二进制编码器外，还有一类叫二-十进制优先编码器，也叫 10 线-4 线优先编码器。该编码器有 10 个信号输入端，4 个 8421BCD 码输出端。10 线-4 线优先编码器 74LS147 功能表如表 3-10 所示。

表 3-10　10 线-4 线优先编码器 74LS147 功能表

输　入									输　出			
$\overline{I_9}$	$\overline{I_8}$	$\overline{I_7}$	$\overline{I_6}$	$\overline{I_5}$	$\overline{I_4}$	$\overline{I_3}$	$\overline{I_2}$	$\overline{I_1}$	$\overline{Y_3}$	$\overline{Y_2}$	$\overline{Y_1}$	$\overline{Y_0}$
1	1	1	1	1	1	1	1	1	1	1	1	1
0	×	×	×	×	×	×	×	×	0	1	1	0
1	0	×	×	×	×	×	×	×	0	1	1	1
1	1	0	×	×	×	×	×	×	1	0	0	0
1	1	1	0	×	×	×	×	×	1	0	0	1
1	1	1	1	0	×	×	×	×	1	0	1	0
1	1	1	1	1	0	×	×	×	1	0	1	1
1	1	1	1	1	1	0	×	×	1	1	0	0
1	1	1	1	1	1	1	0	×	1	1	0	1
1	1	1	1	1	1	1	1	0	1	1	1	0

由此功能表可以看出编码器输入和输出均为低电平有效，输出的二进制代码为反码。在输入 $\overline{I_0}$～$\overline{I_9}$ 中，$\overline{I_9}$ 级别最高，$\overline{I_8}$ 次之，其余类推。即当 $\overline{I_9}=0$ 时，其余输入信号不论是 0 还是 1 都无效，此时只对 $\overline{I_9}$ 进行编码，输出 $\overline{Y_3}\ \overline{Y_2}\ \overline{Y_1}\ \overline{Y_0}=0110$，此为反码，其原码为 1001。

此外，在表 3-10 中没有 $\overline{I_0}$，这是因为当 $\overline{I_1}$～$\overline{I_9}$ 都是高电平时，输出 $\overline{Y_3}\ \overline{Y_2}\ \overline{Y_1}\ \overline{Y_0}=1111$，其原码为 0000，相当于输入 $\overline{I_0}$ 为请求编码。74LS147 引脚排列如图 3-15 所示。由于 74LS147 没有使能端，所以不利于扩展。

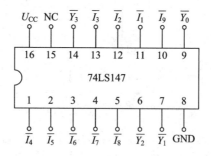

图 3-15　10 线-4 线优先编码器 74LS147 引脚排列

3.3.2　译码器

译码器的功能与编码器相反，它是将有特定含义的不同二进制码辨别出来（即把每一组输入的二进制代码翻译成原来的特定信息），并转换成控制信号。完成译码功能的电路称为译码器。译码器是一种多个输入端和多个输出端的电路，而对应输入信号的任一状态，一般仅有一个输出状态有效，而其他输出状态均无效。与编码器类似，译码器有 n 个输入信号和 N 个输出信号，输入端和输出端满足的条件是 $N \leqslant 2^n$。若 $N = 2^n$ 称为完全译码，$N < 2^n$ 称为部分译码。

译码器分为二进制译码器和显示译码器两类，二进制译码器一般是一种较少变为较多输出的器件，一般分为 2^n 译码和 8421BCD 码译码两类；显示译码器主要解决二进制数显示成对应的十或十六进制的转换功能，一般可分为驱动 LED 和驱动 LCD 两类。常用的译码器主要有二进制译码器、二-十进制译码器、显示译码器等。如 3 线-8 线译码器表示有 3 个输入端、8 个输出端，4 线-10 线译码器表示有 4 个输入端、10 个输出端，其余依次类推。

1. 二进制译码器

二进制译码器是指将输入二进制代码的各种状态，按特定含义"翻译"成对应输出信号的电路，也称为变量译码器。

二进制译码器的输入与输出为对应关系，如果输入端有 n 位二进制代码，二进制译码器的输出端就会有 2^n 个输出端（即 $N = 2^n$）。因此 2 位二进制译码器又称为 2 线-4 线译码器，3 位二进制译码器称为 3 线-8 线译码器。

1）2 线-4 线二进制译码器

2 线-4 线二进制译码器具有 2 个输入端，4 个输出端。对应每一组输入代码，只有其中一个输出端为有效电平，其余输出端电平相反。

其真值表如表 3-11 所示。

表 3-11　2 线-4 线二进制译码器真值表

输入变量		输出变量			
A_1	A_0	$\overline{Y_0}$	$\overline{Y_1}$	$\overline{Y_2}$	$\overline{Y_3}$
0	0	0	1	1	1
0	1	1	0	1	1
1	0	1	1	0	1
1	1	1	1	1	0

A_1、A_0 为二进制代码输入端，译码输出端为 $\overline{Y_0} \sim \overline{Y_3}$，根据真值表可以写出输出端表达式，为

$$\overline{Y_0} = \overline{\overline{A_1} \, \overline{A_0}}, \ \overline{Y_1} = \overline{\overline{A_1} A_0}, \ \overline{Y_2} = \overline{A_1 \, \overline{A_0}}, \ \overline{Y_3} = \overline{A_1 A_0}$$

若 $A_1 A_0$ 为 0、1 状态时，只有 $\overline{Y_1}$ 路输出"低"电平，即给出了代表十进制数为 1 的数字信号，其余三个与非门，均输出"高"电平。其余可以类推（此译码器的输出为低电平有效）。可见，译码器实质上是由门电路组成的"条件开关"。对各个门来说，输入信号的组合满足一定条件时，门电路就开启，输出线上就有信号输出；不满足条件，门电路就关闭，没有信号输出。

2）3 线-8 线译码器 74LS138

在译码器实际使用中，通常采用一些集成译码器来实现相应的功能。74LS138 是广泛

使用的 3 线-8 线译码器，输入高电平有效，输出低电平有效。如图 3-16 所示为 3 线-8 线译码器 74LS138 的逻辑功能示意图和引脚排列图。

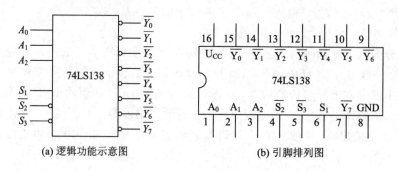

(a) 逻辑功能示意图   (b) 引脚排列图

图 3-16　3 线-8 线译码器 74LS138

逻辑符号图中各 I/O 端功能说明如下：

A_0、A_1、A_2 是 3 个二进制代码输入端，高电平有效。

$\overline{Y_0} \sim \overline{Y_7}$ 是 8 个译码输出端，低电平有效。每一个输出端对应一个 3 位二进制代码组合，也就是一个 3 变量最小项。

S_1、$\overline{S_2}$ 和 $\overline{S_3}$ 为使能输入端。当 $S_1 = 1$ 且 $\overline{S_2} = \overline{S_3} = 0$ 时，芯片处于工作状态，此时译码器正常工作。否则译码器不工作，所有的输出端均输出高电平（即表示无效信号）。74LS138 译码器的功能表如表 3-12 所示。

表 3-12　74LS138 译码器的功能表

输入变量						输出变量							
S_1	$\overline{S_2}$	$\overline{S_3}$	A_2	A_1	A_0	$\overline{Y_7}$	$\overline{Y_6}$	$\overline{Y_5}$	$\overline{Y_4}$	$\overline{Y_3}$	$\overline{Y_2}$	$\overline{Y_1}$	$\overline{Y_0}$
×	1	×	×	×	×	1	1	1	1	1	1	1	1
×	×	1	×	×	×	1	1	1	1	1	1	1	1
0	×	×	×	×	×	1	1	1	1	1	1	1	1
1	0	0	0	0	0	1	1	1	1	1	1	1	0
1	0	0	0	0	1	1	1	1	1	1	1	0	1
1	0	0	0	1	0	1	1	1	1	1	0	1	1
1	0	0	0	1	1	1	1	1	1	0	1	1	1
1	0	0	1	0	0	1	1	1	0	1	1	1	1
1	0	0	1	0	1	1	1	0	1	1	1	1	1
1	0	0	1	1	0	1	0	1	1.	1	1	1	1
1	0	0	1	1	1	0	1	1	1	1	1	1	1

由以上真值表得到各输出端的逻辑表达式，为

$$\overline{Y_0} = \overline{\overline{A_2}\ \overline{A_1}\ \overline{A_0} \cdot S_1\ \overline{\overline{S_2}}\ \overline{\overline{S_3}}}$$

$$\overline{Y_1} = \overline{\overline{A_2}\ \overline{A_1} A_0 \cdot S_1\ \overline{\overline{S_2}}\ \overline{\overline{S_3}}}$$

$$\overline{Y_2} = \overline{\overline{A_2} A_1 \overline{A_0} \cdot S_1 \overline{\overline{S_2}} \overline{\overline{S_3}}}$$

$$\overline{Y_3} = \overline{\overline{A_2} A_1 A_0 \cdot S_1 \overline{\overline{S_2}} \overline{\overline{S_3}}}$$

$$\overline{Y_4} = \overline{A_2 \overline{A_1} \overline{A_0} \cdot S_1 \overline{\overline{S_2}} \overline{\overline{S_3}}}$$

$$\overline{Y_5} = \overline{A_2 \overline{A_1} A_0 \cdot S_1 \overline{\overline{S_2}} \overline{\overline{S_3}}}$$

$$\overline{Y_6} = \overline{A_2 A_1 \overline{A_0} \cdot S_1 \overline{\overline{S_2}} \overline{\overline{S_3}}}$$

$$\overline{Y_7} = \overline{A_2 A_1 A_0 \cdot S_1 \overline{\overline{S_2}} \overline{\overline{S_3}}}$$

利用译码器的使能端，可以方便地实现电路功能的扩展。

例 3 - 6 利用两块 CT74LS138 实现 4 线 - 16 线的译码功能。

解 分析过程为 4 线 - 16 线的译码器需要对 4 位二进制进行译码，因此需要 4 个信号输入端，16 个信号输出端，但 CT74LS138 只有 3 个输入端和 8 个输出端，因此需要利用 2 块集成芯片进行扩展，交替完成译码任务。

假设 4 位二进制代码为 A_3、A_2、A_1、A_0，当输入信号的组合为 0000～0111 时，低位片 CT74LS138 工作；当输入信号的组合为 1000～1111 时，高位片 CT74LS138 工作。显然，我们可以使用输入变量的最高位(即 A_3 输入变量)实现对第一片 CT74LS138 和第二片 CT74LS138 工作的片选功能，2 个 CT74LS138 的 3 位输入端并联连接到输入端 A_2、A_1、A_0。片选功能的实现可以通过将最高输入变量 A_3 接至高位 CT74LS138 的使能端 S_1 和低位 CT74LS138 的使能端 $\overline{S_2}$，因此 $A_3 = 0$ 时低位片工作，$A_3 = 1$ 时高位片工作。低位片 $\overline{S_3}$ 和高位片 $\overline{S_2}$、$\overline{S_3}$ 相连作为使能端 $\overline{E}$，作 4 线 - 16 线译码器使能端，低电平有效。低位片的 S_1 不用，应接有效电平 1。具体的接线图如图 3 - 17 所示。

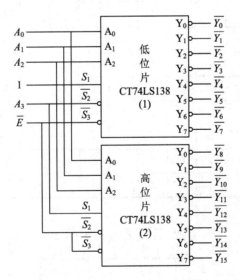

图 3 - 17 两片 CT74LS138 组合为 4 线 - 16 线译码器

当 $\overline{E} = 1$ 时，2 个译码器都不工作，输出 $\overline{Y_0} \sim \overline{Y_{15}}$ 都为高电平 1；当 $\overline{E} = 0$ 时，允许译码。$A_3 = 0$ 时，高位片不工作，低位片工作，译出与输入 0000 ～ 0111 分别对应的 8 个输出信号 $\overline{Y_0} \sim \overline{Y_7}$；$A_3 = 1$ 时，低位片不工作，高位片工作，译出与输入 1000 ～ 1111 分别对应的 8 个输出信号 $\overline{Y_8} \sim \overline{Y_{15}}$。

2. 二-十进制译码器

二-十进制译码器(4线-10线译码器)是将输入的 BCD 码中的 10 个 4 位二进制代码译成 10 个高、低电平的输出信号,即完成同一数据的不同代码之间相互交换的电路,所以也称为码制变换译码器。在 4 线-10 线译码器中,4 个地址输入的状态组合中,有 6 个译码输出无对应代码,被称为伪码。

4 线-10 线译码器 74LS42 的输出 $\overline{Y_0}\sim\overline{Y_9}$ 的有效状态由变量 A_3、A_2、A_1、A_0 决定,其功能表如表 3-13 所示,逻辑功能示意图如图 3-18 所示。

表 3-13　4 线-10 线 74LS42 译码器功能表

十进制数码	输入变量				输出变量									
	A_3	A_2	A_1	A_0	$\overline{Y_0}$	$\overline{Y_1}$	$\overline{Y_2}$	$\overline{Y_3}$	$\overline{Y_4}$	$\overline{Y_5}$	$\overline{Y_6}$	$\overline{Y_7}$	$\overline{Y_8}$	$\overline{Y_9}$
0	0	0	0	0	0	1	1	1	1	1	1	1	1	1
1	0	0	0	1	1	0	1	1	1	1	1	1	1	1
2	0	0	1	0	1	1	0	1	1	1	1	1	1	1
3	0	0	1	1	1	1	1	0	1	1	1	1	1	1
4	0	1	0	0	1	1	1	1	0	1	1	1	1	1
5	0	1	0	1	1	1	1	1	1	0	1	1	1	1
6	0	1	1	0	1	1	1	1	1	1	0	1	1	1
7	0	1	1	1	1	1	1	1	1	1	1	0	1	1
8	1	0	0	0	1	1	1	1	1	1	1	1	0	1
9	1	0	0	1	1	1	1	1	1	1	1	1	1	0
伪码	1	0	1	0	1	1	1	1	1	1	1	1	1	1
	1	0	1	1	1	1	1	1	1	1	1	1	1	1
	1	1	0	0	1	1	1	1	1	1	1	1	1	1
	1	1	0	1	1	1	1	1	1	1	1	1	1	1
	1	1	1	0	1	1	1	1	1	1	1	1	1	1
	1	1	1	1	1	1	1	1	1	1	1	1	1	1

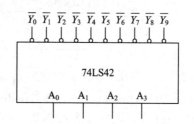

图 3-18　4 线-10 线译码器 74LS42 逻辑功能示意图

根据 4 线-10 线译码器 74LS42 的功能表对其逻辑功能说明如下：

(1) $A_3 \sim A_0$ 为 4 个输入端，高电平有效，输入的是 8421BCD 码。

(2) $\overline{Y_0} \sim \overline{Y_9}$ 为 10 个输出端，低电平有效。

(3) 当输入为伪码，即代码 1010～1111 时，输出 $\overline{Y_0} \sim \overline{Y_9}$ 全为高电平。

(4) 该译码器也可以当作 3 线-8 线译码器使用。此时，可用 A_3 作为输入控制端，$\overline{Y_0} \sim \overline{Y_7}$ 作为输出端，$\overline{Y_8}$、$\overline{Y_9}$ 闲置。当 $A_3 = 0$ 时，译码器正常工作；当 $A_3 = 1$ 时，译码器禁止工作。

3. 显示译码器

显示译码器是将数字、符号的二进制代码译成可以驱动显示器显示数字、文字或符号的输出信号电路，它一般由译码器和驱动电路组成。数码显示译码器结构功能示意如图 3-19 所示。

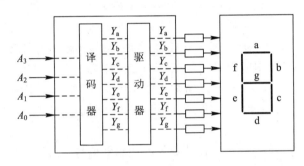

图 3-19　数码显示译码器结构功能示意　　　　　数码显示译码器

1) 数码显示器

在数字系统中经常需要将数字和运算结果以十进制的形式显示出来，以便满足人们的使用习惯，七段数码管显示器就是用来显示十进制数 0～9 这 10 个数码的器件，常见的七段数码管显示器有七段半导体数码管显示器(LED)和液晶显示器(LCD)两种。

(1) 七段半导体数码显示器(LED)。发光二极管(Light Emitting Diode，LED)是半导体数码管的组成材料，例如由砷化镓构成 PN 结。当 PN 结正向导通时，可将电能转换成光能，从而辐射发光。辐射波长决定了发光颜色，如红、绿、黄等，七段半导体数码显示器外形图及显示数字如图 3-20 所示。

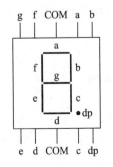
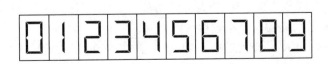

图 3-20　七段半导体数码管外形图及显示数字

LED 数码管的内部结构原理有两种，分别称为共阳数码管和共阴数码管。图 3-21(a)为共阳极接法，即 LED 显示段 a～g 接低电平时发光；图 3-21(b) 为共阴极接法，即 a～g 接高电平，使显示段发光。

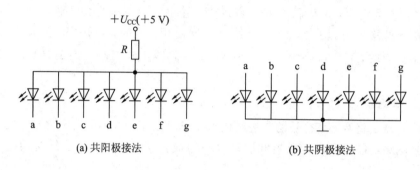

图 3-21 LED 数码管的内部电路原理

（2）液晶显示器(LCD)。液晶显示器(Liquid Crystal Display，LCD)的原理是当在相应字段的电极上加电压时，液晶中的导电正离子作定向运动，在运动过程中不断撞击液晶分子，破坏了液晶分子的排列，液晶对入射光产生散射而变成了暗灰色，于是显示出相应的数字。当外加电压断开后，液晶分子又将恢复到整齐排列状态，字形随之消失。

液晶显示器的主要优点是功耗极小、工作电压低，主要缺点是亮度较差，响应速度慢。

2）七段显示译码器

七段显示器若要显示十进制数字，需要在其输入端加驱动信号。BCD 七段显示译码器是一种能将 BCD 代码转换为七段显示所需要的驱动信号的逻辑电路。它输入的是 BCD 码，输出的是与七段显示器相对应的 7 位二进制代码。其中，74LS47 译码驱动器输出是低电平有效，所以配接的数码管须采用共阳极接法；74LS48 译码驱动器输出是高电平有效，配接的数码管须采用共阴极接法，其外引线图如图 3-22 所示，逻辑功能如下：

（1）A～D 为 4 个数码输入端，输入的是 8421BCD 码。

（2）a～g 为 7 个输出端，输出的是 7 位二进制代码，高电平有效。输出高电平时，对应的七段显示器的线段亮，输出低电平时，对应七段显示器的线段不亮。

（3）$\overline{LT}$ 为试灯端，低电平有效，用于检查七段显示器各段是否能正常发光。当 $\overline{LT}=0$ 时，$\overline{BI}/\overline{RBO}$ 是输出端"1"，无论数码管输入端 A～D 为何种状态，输出端均为高电平，可使被驱动显示器的七段同时点亮，可以判断出七段显示器的各段能否正常点亮。注意：此时 $\overline{BI}/\overline{RBO}$ 作为输出端，输出高电平。当七段显示译码器正常工作时，需置 $\overline{LT}=1$，即试灯端处于非工作状态。

（4）$\overline{RBI}$ 为动态灭零输入端，低电平有效。当试灯端 $\overline{LT}=1$，A～D 全为低电平时，七段显示器应显示数字 0。但是，若此时，使 $\overline{RBI}=0$，则可以熄灭该 0。一般用于熄灭多余的 0，如整数前面的 0 和小数后面的 0。

（5）$\overline{BI}/\overline{RBO}$ 为灭灯输入/灭零输出端，低电平有效。这是一个双功能的输入/输出端。$\overline{BI}/\overline{RBO}$ 作为输入端使用时，称为灭灯输入控制端，当 $\overline{BI}=0$ 时，无论 $\overline{LT}$、$\overline{RBI}$ 和 A～D 为何种状态，输出 a～g 均为低电平，即七段显示器各段同时被熄灭。当译码器工作时，$\overline{BI}/\overline{RBO}$ 作为输入端应置为高电平；$\overline{BI}/\overline{RBO}$ 作为输出端使用时，称为灭零输出端。只有当 $\overline{LT}=1$，A～D 均为 0，$\overline{RBI}=0$ 时，$\overline{RBO}$ 才会输出低电平。

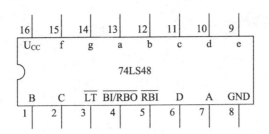

图 3 - 22　74LS48 引脚图

74LS48 的功能表见表 3 - 14。将灭零输入端和灭零输出端配合使用，可用于熄灭多位数字前后不需要显示的 0。另外，在为数码管显示器选择译码驱动器时，要注意数码管是共阴还是共阳，例如，4 线 - 7 线译码驱动器 74LS47 输出低电平有效，驱动共阳数码管。

表 3 - 14　74LS48 的功能表

十进制数或功能	输入						输入/输出	输出						
	$\overline{LT}$	$\overline{RBI}$	D	C	B	A	$\overline{BI/RBO}$	a	b	c	d	e	f	g
0	1	1	0	0	0	0	1	1	1	1	1	1	1	0
1	1	×	0	0	0	1	1	0	1	1	0	0	0	0
2	1	×	0	0	1	0	1	1	1	0	1	1	0	1
3	1	×	0	0	1	1	1	1	1	1	1	0	0	1
4	1	×	0	1	0	0	1	0	1	1	0	0	1	1
5	1	×	0	1	0	1	1	1	0	1	1	0	1	1
6	1	×	0	1	1	0	1	0	0	1	1	1	1	1
7	1	×	0	1	1	1	1	1	1	1	0	0	0	0
8	1	×	1	0	0	0	1	1	1	1	1	1	1	1
9	1	×	1	0	0	1	1	1	1	1	0	0	1	1
10	1	×	1	0	1	0	1	0	0	0	1	1	0	1
11	1	×	1	0	1	1	1	0	0	1	1	0	0	1
12	1	×	1	1	0	0	1	0	1	0	0	0	1	1
13	1	×	1	1	0	1	1	1	0	0	1	0	1	1
14	1	×	1	1	1	0	1	0	0	0	1	1	1	1
15	1	×	1	1	1	1	1	0	0	0	0	0	0	0
$\overline{BI}$	×	×	×	×	×	×	0	0	0	0	0	0	0	0
$\overline{RBI}$	1	0	0	0	0	0	0	0	0	0	0	0	0	0
$\overline{LT}$	0	×	×	×	×	×	1	1	1	1	1	1	1	1

3.3.3 数据选择器和数据分配器

1. 数据选择器

数据选择器又称多路选择器，简称 MUX。其功能是能从多个数据输入通道中，按要求选择其中一个通道的数据传送到输出通道中，其作用相当于多输入的单刀多掷开关。在数据选择器中有两类输入信号：一类是地址输入信号，另一类是数据输入信号。数据选择器根据输入的地址信号从多路输入数据中选择一路数据进行输出，如图 3-23 所示。

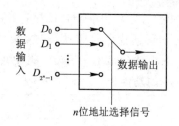

图 3-23 数据选择器示意图

数据选择器和数据分配器

1) 4 选 1 数据选择器

在数据选择器中，输出数据的选择是用地址信号控制的，如一个 4 选 1 的数据选择器需有两个地址信号输入端，它有 4 种不同的组合，每一种组合可选择对应的一路数据输出。常用的数据选择器有 4 选 1、8 选 1 和 16 选 1 等多种类型。4 选 1 数据选择器的功能表如表 3-15 所示。

表 3-15 4 选 1 数据选择器的功能表

输 入			输 出
D_i	A_1	A_0	Y
D_0	0	0	D_0
D_1	0	1	D_1
D_2	1	0	D_2
D_3	1	1	D_3

由真值表可以得到输出函数的逻辑表达式为

$$Y = D_0 \overline{A_1}\,\overline{A_0} + D_1 \overline{A_1}A_0 + D_2 A_1 \overline{A_0} + D_3 A_1 A_0 = \sum_{i=0}^{3} D_i m_i \tag{3-1}$$

由函数的逻辑表达式画出逻辑电路，如图 3-24 所示。

在实际应用中 4 选 1 数据选择器通常采用集成芯片 74LS153。该芯片为双 4 选 1 数据选择器，引脚排列图如图 3-25 所示。图中的 $1\overline{S}$、$2\overline{S}$ 分别为两个数据选择器的选通使能端，低电平有效，当 $\overline{S}$ 为高电平时，74LS153 不工作，输出 $Y = 0$，当 $\overline{S}$ 为低电平时，74LS153 正常工作；A_1、A_0 为地址输入端，两个数据选择器公用；$1D_0 \sim 1D_3$、$2D_0 \sim 2D_3$ 分别为两个数据选择器的两组数据输入端；$1Y$、$2Y$ 分别为两个数据选择器的输出端。

双 4 选 1 数据选择器 74LS153 的功能表如表 3-16 所示。

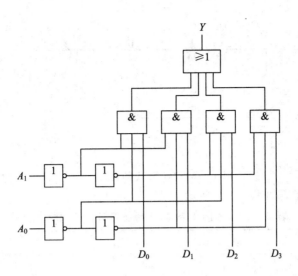

图 3-24　4 选 1 数据选择器逻辑电路

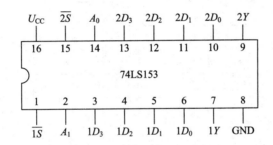

图 3-25　74LS153 的引脚排列图

表 3-16　双 4 选 1 数据选择器 74LS153 的功能表

输　　入			输　　出
$\overline{S}$	A_1	A_0	Y
1	×	×	0
0	0	0	D_0
0	0	1	D_1
0	1	0	D_2
0	1	1	D_3

根据双 4 选 1 数据选择器 74LS153 的功能表可得出输出 Y 的逻辑函数表达式为

$$Y = (D_0 \overline{A_1}\,\overline{A_0} + D_1 \overline{A_1}A_0 + D_2 A_1 \overline{A_0} + D_3 A_1 A_0)S \qquad (3-2)$$

2）8 选 1 数据选择器

74LS151 是一种有互补输出的集成 8 选 1 数据选择器，其引脚排列图如图 3-26 所示。图中的 $D_0 \sim D_7$ 是 8 个数据输入端，$A_0 \sim A_2$ 是 3 个地址控制端，Y 和 $\overline{Y}$ 是两个互补输出端；另外它还有一个低电平有效的使能输入端 $\overline{S}$。

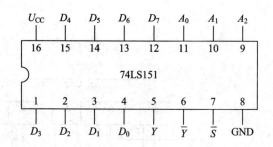

图 3 - 26 74LS151 的引脚排列图

74LS151 的功能表如表 3 - 17 所示。

表 3 - 17 8 选 1 数据选择器 74LS151 的功能表

输　　入					输　　出	
$\overline{S}$	A_2	A_1	A_0	D	Y	$\overline{Y}$
1	×	×	×	×	0	1
0	0	0	0	D_0	D_0	$\overline{D_0}$
0	0	0	1	D_1	D_1	$\overline{D_1}$
0	0	1	0	D_2	D_2	$\overline{D_2}$
0	0	1	1	D_3	D_3	$\overline{D_3}$
0	1	0	0	D_4	D_4	$\overline{D_4}$
0	1	0	1	D_5	D_5	$\overline{D_5}$
0	1	1	0	D_6	D_6	$\overline{D_6}$
0	1	1	1	D_7	D_7	$\overline{D_7}$

由表 3 - 17 可见，当 $\overline{S}=1$ 时，数据选择器不工作，$Y=0$，$\overline{Y}=1$。当 $\overline{S}=0$ 时选择器正常工作，其输出逻辑表达式为

$$Y = \overline{A_2}\,\overline{A_1}\,\overline{A_0}D_0 + \overline{A_2}\,\overline{A_1}A_0 D_1 + \overline{A_2}A_1\,\overline{A_0}D_2 + \overline{A_2}A_1A_0 D_3 + A_2\,\overline{A_1}\,\overline{A_0}D_4 +$$

$$A_2\,\overline{A_1}A_0 D_5 + A_2 A_1\,\overline{A_0}D_6 + A_2 A_1 A_0 D_7 \tag{3-3}$$

对于地址输入信号的任何一种状态组合，都有一个输入数据被送到输出端。例如，当 $A_2 A_1 A_0 = 000$ 时，$Y=D_0$；当 $A_2 A_1 A_0 = 101$ 时，$Y=D_5$。

3）数据选择器的应用

数据选择器的一个用途是代替小规模电路实现组合逻辑函数。

由于数据选择器在输入数据全部为 1 时，输出为地址输入变量全体最小项的和。而任何一个逻辑函数都可表示成最小项表达式，因此用数据选择器可实现任何组合逻辑函数。当逻辑函数的变量个数和数据选择器的地址输入变量个数相同时，可直接将逻辑函数输入变量有序地接数据选择器的地址输入端。

例 3 - 7 试用 8 选 1 数据选择器实现函数：

$$Y = AB + BC + AC$$

解 由于逻辑函数有 3 个变量 A、B、C，所以选用 8 选 1 数据选择器 74LS151 来

实现。写出函数的最小项表达式

$$Y = AB(C + \overline{C}) + (A + \overline{A})BC + AC(B + \overline{B})$$
$$= ABC + AB\overline{C} + ABC + \overline{A}BC + ABC + A\overline{B}C$$
$$= \overline{A}BC + A\overline{B}C + AB\overline{C} + ABC$$
$$= m_3 + m_5 + m_6 + m_7$$

设逻辑函数中出现的最小项 m_3、m_5、m_6、m_7 对应数据项 $D_3 = D_5 = D_6 = D_7$ 为 1，其余的数据项 $D_0 = D_1 = D_2 = D_4$ 为 0。

最后画出数据选择器接线图，如图 3-27 所示。

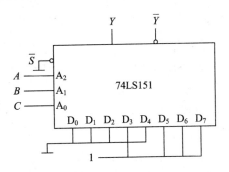

图 3-27　例 3-7 接线图

此外，如果逻辑函数变量个数多于数据选择器的地址输入变量个数时，应分离多余变量，再将剩余变量分别有序地加到数据选择器的地址输入端上。

2. 数据分配器

数据分配器是数据选择器的逆过程，数据分配器又称多路分配器，是根据地址信号的要求将一路输入变为多路输出的电路，具体将哪一路输入送入输出，也是由一组选择控制信号决定的。数据分配器的功能示意图如图 3-28 所示。

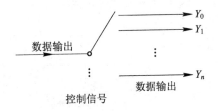

图 3-28　数据分配器的功能示意图

数据分配器和加法器

数据分配器可视为一个单刀多掷开关，是将一条通路上的数据分配到多条通路的装置。它有一路数据输入和多路数据输出，并有地址码输入端，数据依据地址信息输出到指定输出端。数据分配器有 1 根输入线，n 根选择控制线和 2^n 根输出线，常用的数据分配器有 1 路-4 路数据分配器、1 路-8 路数据分配器和 1 路-16 路据分配器。用前面讲过的译码器可以构成数据分配器。其方法是将输入控制端作为数据输入端，二进制代码输入端作为地址输入端，译码器就可以作为数据分配器使用。例如，74LS138 译码器可以改为"1 路-8 路"数据分配器。将译码器输入端作为地址码输入端，数据加到使能端。按照地址 $A_0 A_1 A_2$ 的不同取值组合，可以从地址码对应的输出端输出数据的原码，即此时对应输出端与数据端的状态是相同的。

根据数据分配器的逻辑功能可画出"1 线-8 线"数据分配器的逻辑功能表，如表 3-18 所示。

表 3-18 数据分配器功能表

输入变量				输出变量
数据输入	地址选择信号			
	A_2	A_1	A_0	Y
D	0	0	0	$Y_0 = D$
	0	0	1	$Y_1 = D$
	0	1	0	$Y_2 = D$
	0	1	1	$Y_3 = D$
	1	0	0	$Y_4 = D$
	1	0	1	$Y_5 = D$
	1	1	0	$Y_6 = D$
	1	1	1	$Y_7 = D$

由功能表可得出 8 路数据分配器使用时的逻辑表达式：

$$Y_0 = \overline{A_2}\,\overline{A_1}\,\overline{A_0} \cdot D, \quad Y_1 = \overline{A_2}\,\overline{A_1}A_0 \cdot D, \quad Y_2 = \overline{A_2}A_1\,\overline{A_0} \cdot D, \quad Y_3 = \overline{A_2}A_1A_0 \cdot D$$
$$Y_4 = A_2\,\overline{A_1}\,\overline{A_0} \cdot D, \quad Y_5 = A_2\,\overline{A_1}A_0 \cdot D, \quad Y_6 = A_2A_1\,\overline{A_0} \cdot D, \quad Y_7 = A_2A_1A_0 \cdot D$$

例 3-8 用一个 3 线-8 线译码器 74LS138 构成 8 路数据分配器。

解 将译码器的输出端作为数据分配器的输出端，地址端作为选择输出通路的选择端，将信号输入接至使能端 $\overline{S_2}$ 和 $\overline{S_3}$，S_1 的任一端。当选择 $\overline{S_2}$ 或 $\overline{S_3}$ 作为数据输入端 D 时，输出原码；当选择 S_1 作为数据输入端 D 时，输出反码。

如图 3-29 所示，S_1 端始终接高电平，$\overline{S_2}$ 和 $\overline{S_3}$ 接输入信号 D（或 $\overline{S_3}$ 接地），输出原码。

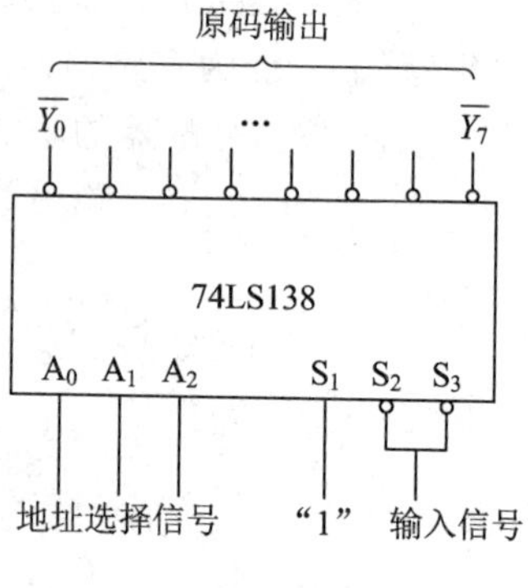

3.3.4 加法器

图 3-29 数据分配器电路图

在计算机系统中，二进制的加、减、乘、除等算术都是转化成加法运算来完成的，所以加法器是构成运算电路的基本单元。

1. 一位加法器

一位加法器又可分为半加器和全加器。

1）半加器

半加器就是一个仅能实现两个二进制相加的运算电路，不考虑来自低位的进位。因此，有两个输入端和两个输出端。

设 A、B 为两个加数，S 为本位的和，C 为向高位的进位，根据二进制数加法的运算规则，可以得出半加器的真值表，如表 3 - 19 所示。

表 3 - 19　半加器真值表

输　　入		输　　出	
A	B	S(本位)	C(进位)
0	0	0	0
0	1	1	0
1	0	1	0
1	1	0	1

由真值表求得其逻辑函数表达式为

$$S=\overline{A}B+A\overline{B}=A\oplus B, \quad C=AB$$

根据逻辑函数表达式，可知半加器可由一个异或门和一个与门组成，也可以用与非门实现。图 3 - 30 使用一个异或门和一个与门组成了半加器。半加器的逻辑图和逻辑符号，如图 3 - 30 所示。

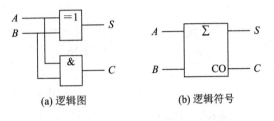

(a) 逻辑图　　　　　(b) 逻辑符号

图 3 - 30　半加器的逻辑图和逻辑符号

2）全加器

如果逻辑运算不仅考虑 2 个 1 位二进制数相加，而且还考虑来自低位进位数相加的运算电路，称为全加器。

全加器有 3 个输入端：加数 A_i、被加数 B_i、来自低位的进位 C_{i-1}，2 个输出信号：本位和 S_i，向高位的进位 C_i。全加器的真值表如表 3 - 20 所示。

表 3 - 20　全加器的真值表

输　　入			输　　出	
A_i	B_i	C_{i-1}	S_i	C_i
0	0	0	0	0
0	0	1	1	0
0	1	0	1	0
0	1	1	0	1
1	0	0	1	0
1	0	1	0	1
1	1	0	0	1
1	1	1	1	1

根据真值表可以得出全加器的逻辑函数表达式为

$$S_i = \overline{A_i}\,\overline{B_i}C_{i-1} + \overline{A_i}B_i\,\overline{C_{i-1}} + A_i\,\overline{B_i}\,\overline{C_{i-1}} + A_iB_iC_{i-1}$$

$$= A_i \oplus B_i \oplus C_{i-1}$$

$$C_i = \overline{A_i}B_iC_{i-1} + A_i\,\overline{B_i}C_{i-1} + A_iB_i\,\overline{C_{i-1}} + A_iB_iC_{i-1}$$

$$= A_iC_{i-1} + A_iB_i + B_iC_{i-1}$$

$$= (A_i \oplus B_i)C_{i-1} + A_iB_i$$

由上述全加器的逻辑函数表达式可画出全加器的逻辑图。如图 3 - 31 所示,(a)为逻辑图,(b)为逻辑符号。

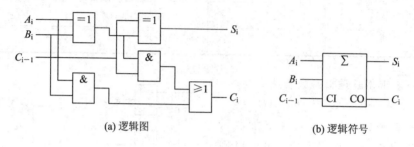

(a) 逻辑图　　　　　　　　　　　(b) 逻辑符号

图 3 - 31　全加器

2. 多位加法器

1) 串行进位加法器

多个全加器可以组成多位串行进位的加法器,低位全加器的进位输出端依次连接至相邻高位全加器的进位输入端,最低位的全加器的进位端接地。4 位串行加法器如图 3 - 32 所示。

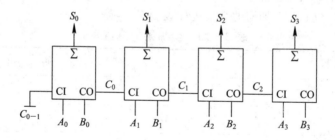

图 3 - 32　4 位串行加法器

串行进位加法器电路简单,要求前一位的加法运算必须在低一位的运算完成之后才能进行,运算速度较慢,因此为了提高运算速度,可以采用超前进位加法器。

2) 超前进位加法器

超前进位加法器的进位数直接由加数、被加数和最低位进位数形成。各位运算并行进行,运算速度快。超前进位加法器的进位信号 C_i 是由两个加数及之前各位加数决定的,通过逻辑电路事先得出每位全加器的进位输入信号,而无须再从最低位开始向高位逐位传递进位信号,所以有效地提高了运算速度。如图 3 - 33 所示为 4 位二进制数的超前进位加法器的逻辑电路结构示意图。

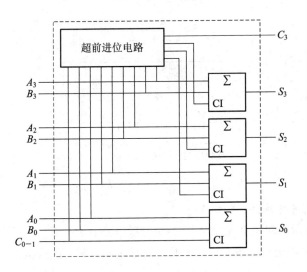

图 3 - 33　4 位超前进位加法器逻辑结构示意图

74LS283 就是一个 4 位二进制超前进位全加器，可进行 4 位二进制数的加法运算，图 3 - 34 给出了 74LS283 的逻辑符号。下面对 74LS283 的功能做如下说明：

（1）$A_3 \sim A_0$ 为 4 位二进制加数 A 输入端，$B_3 \sim B_0$ 为 4 位二进制加数 B 输入端，A_3、B_3 分别为两组 4 位二进制数的最高位，A_0、B_0 分别为两组 4 位二进制数的最低位。

（2）$S_3 \sim S_0$ 为 4 个数据输出端，输出两组 4 位二进制数的本位和。

（3）CI_0 为低位片进位输入端。

（4）CO_4 为向高位片的进位输出端。

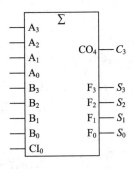

图 3 - 34　74LS283 逻辑符号

3. 加法器的应用

加法器除了可以用来实现 2 个二进制数相加外，还可以用来设计代码转换电路、二进制减法器和十进制加法器等。下面主要介绍代码转换电路、二进制并行加/减法和 4 位二进制加法器扩展的应用。

1）将 8421BCD 码转换成余 3 码

由 8421BCD 码和余 3 码的特性可知，余 3 码和 8421 码相差十进制数 3，所以将 4 位加法器的输入端 A 端输入 8421BCD 码，在输入端 B 端输入常量 0011，进位输入端 C_{0-1} 置 0，则输出端 S 就是余 3 码，如图 3 - 35 所示。

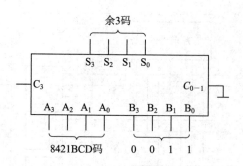

图 3-35　BCD 码转换为余 3 码

2) 组成二进制并行加法/减法器

如图 3-36 所示，两个正数的加/减法运算电路连接。C_{0-1} 作为加/减法控制端：当 $C_{0-1}=0$ 时，进行加法运算；当 $C_{0-1}=1$ 时，进行减法运算。因为减法可以看成是加上减数的补码，即取反加一。

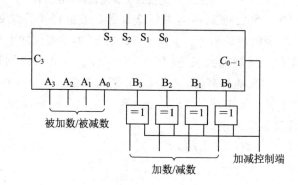

图 3-36　二进制并行加/法器

3) 4 位二进制加法器扩展 8 位加法器

如图 3-37 所示，两片 74LS283 构成 8 位二进制加法器。低位片的 74LS283(1) 没有进位输出信号，CI 接地，其进位输出端 CO 接高位片 74LS283(2) 的进位输入端 CI 就可以扩展为 8 位加法器。

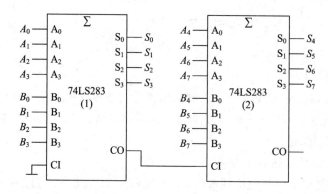

图 3-37　4 位二进制加法器扩展 8 位加法器

3.3.5　数值比较器

数值比较器是对两个相同位数的二进制整数进行数值比较，判
定其大小关系的电路。

数值比较器

1. 一位数值比较器

一位数值比较器的功能是比较两个 1 位二进制数 A 和 B 的大小，比较结果有 3 种情
况，即：$A>B$，$A<B$，$A=B$。其真值表如表 3 - 21 所示。比较器有两个输入端，三个输
出端。

表 3 - 21　一位数值比较器真值表

A	B	$Y_{A>B}$	$Y_{A<B}$	$Y_{A=B}$
0	0	0	0	1
0	1	0	1	0
1	0	1	0	0
1	1	0	0	1

其中 $Y_{A>B}=1$ 表示比较结果 $A>B$，$Y_{A<B}=1$ 表示比较结果 $A<B$，$Y_{A=B}=1$ 时，表示
比较结果 $A=B$。由真值表写出逻辑表达式为

$$Y_{A>B}=A\bar{B}$$

$$Y_{A<B}=\bar{A}B$$

$$Y_{A=B}=\bar{A}\,\bar{B}+AB=\overline{\overline{\bar{A}\,\bar{B}+AB}}$$

$$=\overline{\overline{\bar{A}\,\bar{B}}\,\overline{AB}}=\overline{(A+B)(\bar{A}+\bar{B})}$$

$$=\overline{A\bar{B}+\bar{A}B}$$

可以利用上述方法推导，也可以根据同或是异
或的反直接得出结论。由以上逻辑表达式可得如图
3 - 38 所示逻辑图。

2. 多位数值比较器

比较两个 4 位二进制数 $A=A_3A_2A_1A_0$ 和 $B=$
$B_3B_2B_1B_0$ 时，首先比较最高位，如果 $A_3>B_3$ 则
$A>B$，如果 $A_3<B_3$ 则 $A<B$；如果相同则进行下

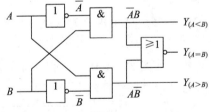

图 3 - 38　一位数值比较器逻辑图

一位的比较，依次由高到低完成比较。数值比较的功能可以使用集成数字比较器 74LS85
来实现。

74LS85 是典型的集成 4 位二进制数值比较器，其引脚图如图 3 - 39 所示。八个输入端
$A_3A_2A_1A_0$ 和 $B_3B_2B_1B_0$ 用于输入比较的 4 位二进制数，其中，A_3、B_3 分别为两组二进制
数的最高位，A_0、B_0 分别为最低位，$F_{A>B}$、$F_{A<B}$、$F_{A=B}$ 三个输出端表示比较结果，高电平
有效，$A>B$、$A<B$、$A=B$ 为 3 个级联输入端，其作用是扩展比较功能，当二进制数码超
过 4 位时，级联输入端可用于片与片之间的连接。

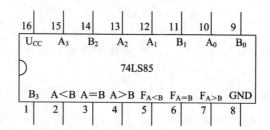

图 3 - 39 74LS85 引脚图

功能表如表 3 - 22 所示。

表 3 - 22 74LS85 比较器功能表

输　　入				级联输入			输　　出		
A_3 , B_3	A_2 , B_2	A_1 , B_1	A_0 , B_0	$A>B$	$A<B$	$A=B$	$F_{A>B}$	$F_{A<B}$	$F_{A=B}$
$A_3>B_3$	×	×	×	×	×	×	1	0	0
$A_3<B_3$	×	×	×	×	×	×	0	1	0
$A_3=B_3$	$A_2>B_2$	×	×	×	×	×	1	0	0
$A_3=B_3$	$A_2<B_2$	×	×	×	×	×	0	1	0
$A_3=B_3$	$A_2=B_2$	$A_1>B_1$	×	×	×	×	1	0	0
$A_3=B_3$	$A_2=B_2$	$A_1<B_1$	×	×	×	×	0	1	0
$A_3=B_3$	$A_2=B_2$	$A_1=B_1$	$A_0>B_0$	×	×	×	1	0	0
$A_3=B_3$	$A_2=B_2$	$A_1=B_1$	$A_0<B_0$	×	×	×	0	1	0
$A_3=B_3$	$A_2=B_2$	$A_1=B_1$	$A_0=B_0$	1	0	0	1	0	0
$A_3=B_3$	$A_2=B_2$	$A_1=B_1$	$A_0=B_0$	0	1	0	0	1	0
$A_3=B_3$	$A_2=B_2$	$A_1=B_1$	$A_0=B_0$	0	0	1	0	0	1

例 3 - 9 试用两片 74LS85 设计一个 7 位二进制数的比较器，比较 $C_6C_5C_4C_3C_2C_1C_0$ 和 $D_6D_5D_4D_3D_2D_1D_0$ 的大小。

解 如图 3 - 40 所示，采用两片 74LS85 分段比较，可以实现对 7 位二进制数的比较，应注意低位片的级联输入接 010，比较器高位多余端只要连接相同即可。

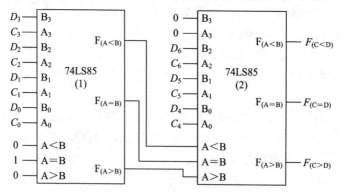

图 3 - 40 7 位二进制数比较器

3.4　组合逻辑电路中的竞争与冒险

前面分析组合逻辑电路时，没有考虑门电路的延迟时间对电路产生的影响。实际电路中，从信号输入到稳定输出需要一定的时间，从输入到输出的过程中，不同通路上门个数不同，或者门电路平均延迟时间有差异，都会使信号从输入经不同通路传送到输出级的时间不同，这个先后的时间差称为竞争。由此造成组合电路输出波形，出现不应有的尖峰脉冲信号的现象，称为冒险。这样，可能会使逻辑电路产生错误输出，这种现象就叫竞争-冒险现象。

3.4.1　竞争-冒险现象

在组合电路中，某一输入变量经不同途径传输后，由于门电路的传输延迟时间的不同，则到达电路中某一会合点的时间有先有后，这种现象称为竞争。由于竞争而使电路输出出现不符合门电路稳态下的逻辑功能的现象，即出现了尖峰脉冲(毛刺)，这种现象称为冒险。

组合逻辑电路中的
竞争-冒险

如图 3-41 所示，信号 A 和 $\overline{A}$ 都加到了如图 3-41(a)所示的或门电路，输出 $Y = A + \overline{A}$ 应该始终为 1，但是由于非门的延迟，所以 $\overline{A}$ 的输入滞后于 A 的输入，导致与门输出出现了一个低电平窄脉冲，如图 3-41(b)所示，这种低电平冒险又称为"0"冒险。

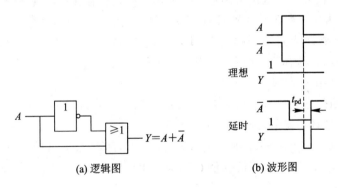

| (a) 逻辑图 | (b) 波形图 |

图 3-41　或门电路的竞争-冒险现象

同样，如图 3-42 所示，信号 A 和 $\overline{A}$ 都加到了图 3-42(a)所示的与门电路，输出 $Y = A\overline{A}$ 应该始终为 0，但是由于非门的延迟，所以 $\overline{A}$ 的输入滞后于 A 的输入，导致或门输出出现了一个高电平窄脉冲，如图 3-42(b)所示，这种高电平冒险又称为"1"冒险。

上述现象均违背了电路在稳态时的逻辑关系，如果用存在冒险的电路来驱动对尖峰脉冲敏感的电路，将会引起电路的误动作，因此在设计电路时应及早发现并消除。需要注意的是竞争并不一定都会产生冒险现象。

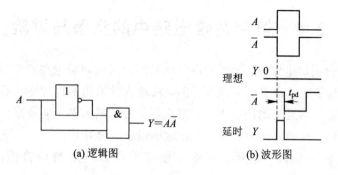

(a) 逻辑图　　　　　　　(b) 波形图

图 3-42　与门电路的竞争-冒险现象

3.4.2　冒险现象的判断方法

判断电路是否发生冒险现象的方法较多, 常用的方法有代数法和卡诺图法。

1. 代数法

代数法是通过电路的逻辑表达式来检查电路是否存在冒险现象的方法。

一个变量以原变量和反变量出现在逻辑函数 Y 中时, 则该变量是具有竞争条件的变量。如果消去其他变量(令其他变量为 0 或 1), 留下具有竞争条件的变量, 若函数出现 $Y=A+\overline{A}$, 则产生负的尖峰脉冲的冒险现象, 即"0"型冒险; 若函数出现 $Y=A\overline{A}$, 则产生正的尖峰脉冲的冒险现象, 即"1"型冒险。

例 3-10　用代数法检查逻辑函数 $Y=AB+\overline{A}C$ 是否存在冒险现象。

解　因为表达式中存在原变量 A 和反变量 $\overline{A}$, 所以 A 是具有竞争条件的变量。为了判断变量 A 是否可能产生冒险, 则需要消去变量 B 和 C。BC 有 4 种组合取值, 分别是"00, 01, 10 和 11", 当 $BC=11$ 时, 可得 $Y=A+\overline{A}$, 则变量 A 产生"0"型冒险, 故逻辑函数 $Y=AB+\overline{A}C$ 存在冒险现象。

例 3-11　用代数法检查逻辑函数 $Y=AC+\overline{A}B+\overline{A}\,\overline{C}$ 是否存在冒险现象。

解　A 和 C 是具有竞争条件的变量。

当 $B=C=1$ 时, $Y=A+\overline{A}$, 则变量 A 产生"0"型冒险。根据 AB 取"00, 01, 10 和 11", Y 的值分别为"$\overline{C}, 1, C, C$", 所以变量 C 不会产生冒险现象。

2. 卡诺图法

用代数法将输出表达式化为"或"或"与"的形式时, 就可以判断是否会有冒险现象发生。在卡诺图中, 这两项对应的包围圈存在着相切的关系。

如果两卡诺圈相切, 而相切处又未被其他卡诺圈包围, 则可能发生冒险现象。如图3-43 所示, 对于逻辑函数 $Y=AB+\overline{A}C$ 的卡诺图, 图上两卡诺圈相切, 当输入变量 ABC 由 011 变为 111 时, Y 从一个卡诺圈进入另

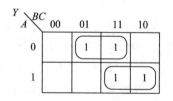

图 3-43　卡诺图判断冒险

一个卡诺圈, 若把圈外函数值视为 0, 则函数值可能按"1-0-1"变化, 从而出现毛刺。

3.4.3 竞争-冒险现象的消除方法

竞争-冒险现象的消除方法如下:

1. 接入滤波电容

由于毛刺很窄,所以常在输出端对地并接滤波电容 C,或在本级输出端与下级输入端之间,串接一个积分电路,可将尖峰脉冲消除。但 C 或 R、C 的引入会使输出波形边沿变斜,故参数要选择合适,一般由实验确定。

2. 引入选通脉冲

因为毛刺仅发生在输入信号变化的瞬间,因此在这段时间内先将门封锁,待电路进入稳态后,再加选通脉冲使输出门电路开门。这样可以抑制尖峰脉冲的输出。该方法简单易行,但选通信号的作用时间和极性等一定要合适。

3. 修改逻辑设计,增加冗余项

只要在其卡诺图上两卡诺圈相切处加一个卡诺圈,即增加了一个冗余项,就可消除逻辑冒险。如在图 3 - 43 卡诺图中,增加一个 BC 项即可,所以,$Y = AB + \overline{A}C + BC$。

3.5 实训——八路抢答器的设计与仿真

1. 设计任务

(1)抢答器同时供 8 名选手或 8 个代表队比赛,分别用 8 个按键S1~S8 表示。

(2)设置一个系统清除和抢答控制开关 S,该开关由主持人控制。

(3)抢答器具有锁存与显示功能。即选手按动按钮,锁存相应的编号,并在 LED 数码管上显示,同时蜂鸣器发出报警声响提示。选手抢答实行优先锁存,优先抢答选手的编号一直保持到主持人将系统清除为止。

(4)参赛选手进行抢答时,若抢答有效,显示器上则显示选手的编号,并保持到主持人将抢答器系统复位时为止。

2. 八路抢答器电路的组成

八路抢答器由开关电路、编码电路、具有锁存功能的七段显示译码器、数码显示电路和报警电路组成。开关电路由按键开关组成,每一竞赛者与一个开关相对应。开关应为常开型,当按下按键开关时,开关闭合;当松开按键开关时,开关自动断开。编码器的作用是将某一开关信息转换为8421BCD码,以提供数字显示电路所需要的编码输入。具有锁存功能的七段显示译码器选用 CD4511,将编码器输出的 8421BCD 码转换为数码管所需要的逻辑状态,并且为保证数码管正常工作提供足够的工作电流,同时带有锁存功能,接收一个编码后将会自动锁存该编码。数码显示器选用共阴数码管。

3. 八路抢答器电路原理及仿真图

电路如图 3 - 44 所示,S1~S8 组成 1~8 路抢答器,D1~D12 组成数字编码器。该电路完成的功能是通过编码二极管编成 BCD 码,将高电平加到 CD4511 所对应的输入端。从 CD4511 的引脚可以看出,引脚 6,2,1,7 分别为 BCD 码的 D、C、B、A 位(D 为高位,A

为低位，即 D、C、B、A 分别代表 BCD 码 8、4、2、1 位）。

工作过程：当电路上电，主持人按下复位键，选手就可以开始抢答。当选手 1 按下 S1 抢答键，高电平通过编码二极管 D1 加到 CD4511 集成芯片的 7 脚（A 位），7 脚为高电平，1、2、6 脚保持低电平，此时 CD4511 输入 BCD 码为"0001"；当选手 2 按下 S2 抢答键，高电平通过编码二极管 D2 加到 CD4511 集成芯片的 1 脚（B 位），1 脚为高电平，2、6、7 脚保持低电平，此时 CD4511 输入 BCD 码为"0010"。依此类推，当选手 8 按下 S8 抢答键，高电平加到 CD4511 集成芯片的 6 脚（D 位），6 脚为高电平，1、2、7 脚保持低电平，此时 CD4511 输入 BCD 码为"1000"。输入的 BCD 码就是键的号码，并自动地由 CD4511 内部电路译码成十进制数在数码管上显示。同时，按下按键后，蜂鸣器发声。如图 3-44 所示八路抢答器显示的状态是按键 S6 按下的状态，其他抢答按键按下后，数码管显示相对应按键选手数编号，从而实现抢答功能。

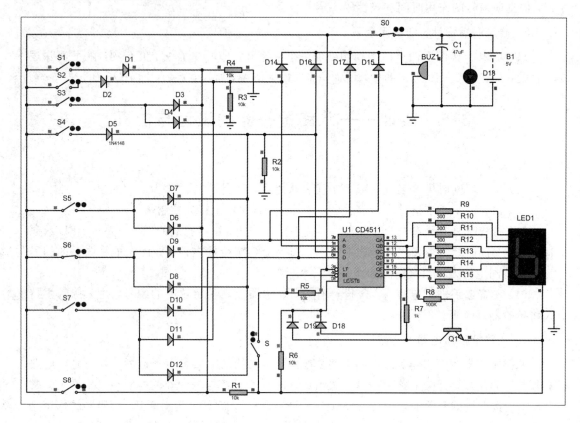

图 3-44　八路抢答器仿真图

4. 元件清单

八路抢答器主要元件如表 3-23 所示，包括稳压电源、CD4511 芯片、按钮开关、开关二极管、发光二极管、电阻、数码管、三极管、万能板、导线若干、万用表、电烙铁、焊锡丝若干等。

表 3 - 23　八路抢答器元件清单

序号	材料名称	位号	器件型号	数量
1	集成电路	U1	CD4511	1
2	开关二极管	$V_{D1} \sim V_{D12}$、$V_{D14} \sim V_{D19}$	IN4148	18
3	发光二极管	V_{D13}	红色发光二极管	1
4	电解电容	C1	47 μF	1
5	6×6×4.5 按键开关	S、S1~S8		9
6	自锁开关	S0		1
5	电阻	R1~R6	10 kΩ	6
6	电阻	R7	1 kΩ	1
7	电阻	R8	100 kΩ	1
8	电阻	R9~R15	300Ω	7
9	三极管	V_{T1}	9013	1
10	接线柱			1
11	PCB			1
12	5 V 蜂鸣器	BUZ1		1
13	一位共阴数码管		5611AH	1
14	直流电源	B1	5 V	1
15	16 脚 IC 座			1

5. 安装与调试

按照电路原理图将各元器件先用万用表检查后进行安装、焊接，并要注意集成电路、数码管的引脚不要接错，依次焊接到万能板。通电观察及测量，调试出电路功能。

本 章 小 结

（1）组合逻辑电路指任一时刻的输出仅取决于该时刻输入信号的取值组合，而与电路原有状态无关的电路。它在逻辑功能上的特点是没有存储和记忆作用；在电路结构上的特点是由各种门电路组成，不含记忆单元，只存在从输入到输出的通路，没有反馈回路。

（2）组合逻辑电路的基本分析方法是根据给定电路逐级写出输出函数式，并进行必要的化简和变换，然后列出真值表，确定电路的逻辑功能。

（3）组合逻辑电路的基本设计方法是根据给定设计任务进行逻辑抽象，列出真值表，然后写出输出函数式并进行适当化简和变换，求出最简表达式，从而画出最简逻辑电路。

（4）常用的集成组合逻辑器件：编码器、译码器、数据选择器和分配器、加法器和数值比较器，应重点掌握它们的逻辑功能、特点和应用。

（5）组合逻辑电路中的竞争-冒险现象：同一个门的一组输入信号到达的时间有先有

后，这种现象称为竞争。竞争而导致输出产生尖峰干扰脉冲的现象，称为冒险。竞争-冒险现象可能导致负载电路误动作，应用中需加以注意。

习 题 3

一、填空题

1. 将给定的二进制代码翻译成编码时赋予的原意，完成这种功能的电路称为_____。

2. 二进制编码器是由_____位二进制数表示_____个信号的编码电路。

3. 如果对 160 个符号进行二进制编码，则至少需要_____位二进制数。

4. 七段译码驱动器 74LS74 驱动_____数码管。

5. 常用的译码器电路有_____、_____和_____等。

6. 七段显示译码器 74LS48 输出高电平有效，用以驱动共阴极 LED 显示器。当输入 $A_3 A_2 A_1 A_0 = 0101$ 时，输出 $abcdefg = $ _____，显示字形_____。

7. 多位加法器进位方法有_____，_____。

8. 数据选择器又称_____，它是一种_____输入，_____输出的逻辑构件。控制信号端实现对_____的选择。

9. 组合逻辑电路的逻辑功能特点是，任意时刻的_____状态，仅取决于该时刻_____的状态，而与信号作用前电路的_____无关。

10. 组合逻辑设计是组合逻辑分析的_____，它是根据_____要求来实现某种逻辑功能，画出实现该功能的_____电路。

11. 数值比较器的逻辑功能是对输入的_____数据进行比较，它有_____、_____、_____三个输出端。

12. 数据分配器的结构与数据选择器相反，它是一种_____输入，_____输出的逻辑构件，从哪一路输出取决于_____端输入。

13. 组合逻辑电路中的竞争冒险是指当逻辑门有_____输入信号同时向_____状态变化时，输出端可能产生过渡干扰脉冲。

14. 利用 2 个 74LS138 和一个非门，可以扩展得到 1 个_____线译码器。

二、选择题

1. 组合逻辑电路通常由（ ）组成。

A. 门电路 　　B. 编码器 　　C. 译码器 　　D. 数据选择器

2. 8 线-3 线优先编码器 74LS148，低电平输入有效，反码输出。当对 $\bar{I}_5$ 编码时，输出 $\bar{Y}_2 \bar{Y}_1 \bar{Y}_0$ 为（ ）。

A. 000 　　B. 101 　　C. 010 　　D. 100

3. 优先编码器同时有两个或两个以上信号输入时，是按（ ）给输入信号编码。

A. 高电平 　　B. 低电平 　　C. 高频率 　　D. 高优先级

4. 8421BCD 译码器 74LS42 输出低电平有效，当输入 $A_3 A_2 A_1 A_0 = 1000$ 时，其输出 $\bar{Y}_0 \sim \bar{Y}_9$ 等于（ ）。

A. 0000000010　　　　　　　　　B. 1011111111

C. 0100000000　　　　　　　　　D. 1111111101

5. 组合逻辑电路设计的主要目的是获得(　　)。

A. 逻辑功能　　　　　　　　　　B. 逻辑电路图

C. 逻辑函数表达式　　　　　　　D. 真值表

三、分析题

1. 分析如图 3 - 45 电路，写出输出 Z 的逻辑表达式。下图中的 74LSl51 是 8 选 1 数据选择器。

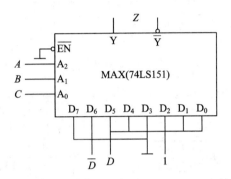

图 3 - 45　题图

2. 试分析如图 3 - 46 所示电路的逻辑功能，指出该电路的用途。

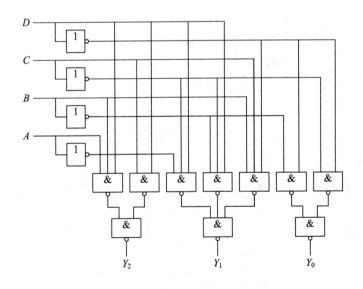

图 3 - 46　题图

3. 3 线 - 8 线译码器 74LS138 构成的电路如图 3 - 47 所示，A、B、C 为输入变量。试写出输出函数 Y 的最简与或表达式，列出真值表，分析描述此电路的逻辑功能。

4. 图 3 - 48 是 BCD - 七段显示译码/驱动器 74LS48 驱动一位数码管的连接方法。试分析，当输入 8421BCD 码为 $A_3A_2A_1A_0 = 0011$ 时，图中发光二极管 $LED_a \sim LED_g$ 的亮灭情况如何？数码管显示的字形是什么？

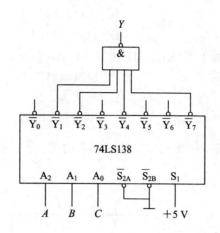

图 3 - 47　题图

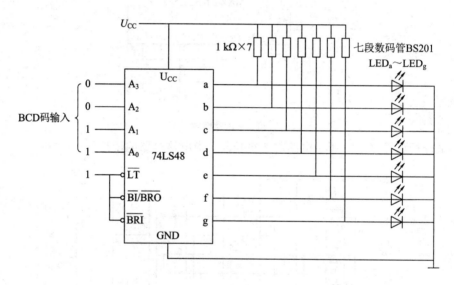

图 3 - 48　题图

四、设计题

1. 如图 3 - 49 所示，用 8 选 1 数据选择器 74LS151 设计实现三人表决器。

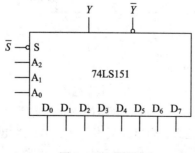

图 3 - 49　题图

2. 用集成译码器 74LS138 和 4 输入与非门实现下表中所示真值表的逻辑功能。先写出逻辑表达式，再画出逻辑电路图。

输　　　入			输　　　出	
A	B	C	S1	S2
0	0	0	0	0
0	0	1	1	0
0	1	0	1	0
0	1	1	0	1
1	0	0	1	0
1	0	1	0	1
1	1	0	0	1
1	1	1	1	1

3. 如图 3-50 所示，设计一个监视交通信号灯状态的逻辑电路。

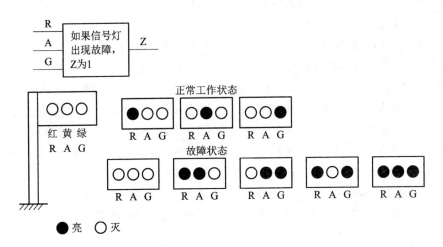

图 3-50　题图

4. 用双"四选一"数据选择器 74HC153 设计接成"八选一"数据选择器。

5. 用 1 片双 4 选 1 数据选择器 74153 和少量门电路设计实现一位全减器。

五、画图题

1. 试画出用 3 线-8 线译码器 74LSl38 和门电路产生如下多输出逻辑函数的逻辑图：

$$Y_1 = AC$$
$$Y_2 = A\overline{B}\,C + A\overline{B}\,\overline{C} + BC$$
$$Y_3 = \overline{B}\,\overline{C} + AB\,\overline{C}$$

2. 用集成 4 选 1 数据选择器 74LS153 分别实现下列函数。

(1) $Y_1 = \sum m(2, 3, 6, 7)$。

(2) $Y_4 = \sum m(0, 2, 3, 6, 7, 10, 13, 14)$。

第4章 触 发 器

本章首先介绍触发器的基本概念，然后介绍基本触发器、同步触发器和边沿触发器等的电路构成、功能特性和工作方式，最后以一个实训介绍触发器的应用。

4.1 概 述

触发器(Flip-Flop，FF)，又称双稳态触发器，是数字逻辑电路的基本单元，它有两个稳定状态(简称稳态)输出，正好用来表示逻辑0和1。在输入信号作用下，触发器的两个稳定状态可以

概述和基本 RS 触发器

相互转换(称为状态的翻转)。输入信号消失后，新状态可长期保持下来，因此具有记忆功能，可存储二进制信息，一个触发器可存储1位二进制数码。

触发器和门电路都是构成数字电路的基本单元。数字电路中的基本工作信号是二进制数字信号，触发器就是存放这种信号的基本单元，触发器是时序逻辑电路的基本单元，它在信号产生、变换和控制电路中有着广泛的应用。触发器有记忆功能，由它构成的电路在某时刻的输出不仅取决于该时刻的输入，还与电路原来的状态有关。而门电路无记忆功能，由它构成的电路在某时刻的输出完全取决于该时刻的输入，与电路原来的状态无关。

触发器的种类较多，根据不同的分类方式可分成不同的触发器。触发器按照电路结构形式的不同，可分成基本 RS 触发器、同步 RS 触发器、主从触发器、边沿触发器；根据逻辑功能不同，可分成 RS 触发器、D 触发器、JK 触发器、T 触发器和 T' 触发器。

触发器逻辑功能的描述方法主要有功能表(特性表)、特性方程、驱动表(又称激励表)、状态转换图和波形图(又称时序图)等。

4.2 基本 RS 触发器

4.2.1 与非门组成的基本 RS 触发器

1. 电路组成和符号

由两个与非门输入和输出交叉耦合构成的基本 RS 触发器，其逻辑电路图如图 4-1(a)所示，逻辑符号如图 4-1(b)所示。

它有两个输入端 $\bar{R}$ 和 $\bar{S}$，字母上的反号表示低电平有效。$\bar{R}$ 为复位端，当 $\bar{R}$ 有效时，Q 为0，故 $\bar{R}$ 也称为置"0"端；$\bar{S}$ 为置位端，当 $\bar{S}$ 有效时，Q 变为1，故也称 $\bar{S}$ 为置"1"端。Q、$\bar{Q}$ 为基本 RS 触发器的输出端，其状态总是互补的，通常规定触发器 Q 端的状态为触发器的状态。即 $Q=0$ 与 $\bar{Q}=1$ 时触发器处于"0"态，$Q=1$ 与 $\bar{Q}=0$ 时触发器处于"1"态。

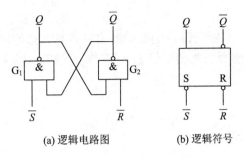

(a) 逻辑电路图   (b) 逻辑符号

图 4-1   与非门组成的基本 RS 触发器逻辑电路与逻辑符号

2. 逻辑功能

(1) $\bar{R}=\bar{S}=1$，触发器保持原来的状态不变。

若触发器原来状态为 $Q^n=0$，$\overline{Q^n}=1$（n 表示触发器原来的状态，$n+1$ 表示触发器现在的状态），根据与非门的逻辑功能可得 $Q^{n+1}=0$，$\overline{Q^{n+1}}=1$；若触发器原来状态为 $Q^n=1$，$\overline{Q^n}=0$，根据与非门的逻辑功能可得 $Q^{n+1}=1$，$\overline{Q^{n+1}}=0$。

综上分析，不论触发器原来是什么状态，只要 $\bar{R}=\bar{S}=1$，则基本 RS 触发器保持原来的状态不变，而且是稳定的。

(2) $\bar{R}=0$，$\bar{S}=1$，触发器为 0 态。

若触发器原来处于 0 态（$Q^n=0$，$\overline{Q^n}=1$），与非门 G_2 的输入 $\bar{R}=0$，则输出 $\overline{Q^{n+1}}=1$；与非门 G_1 的输入全为 1，则输出 $Q^{n+1}=0$。

若触发器原来处于 1 态（$Q^n=1$，$\overline{Q^n}=0$），与非门 G_2 的输出 $\overline{Q^{n+1}}=1$；与非门 G_1 的输入全为 1，则输出 $Q^{n+1}=0$。

综上分析，只要 $\bar{R}=0$，$\bar{S}=1$，则触发器状态一定为 0 态。

(3) $\bar{R}=1$，$\bar{S}=0$，触发器为 1 态。

因为与非门 G_1 的输入 $\bar{S}=0$，所以 G_1 门的输出 $Q^{n+1}=1$，而 $\bar{R}=1$，所以与非门 G_2 的输入全为 1，则输出 $\overline{Q^{n+1}}=0$，所以不论触发器原来状态怎样，只要 $\bar{R}=1$，$\bar{S}=0$，则触发器必为 1 态。

(4) $\bar{R}=\bar{S}=0$，触发器状态不确定。

此时门 G_1、G_2 的输出 $Q^{n+1}=1$，$\overline{Q^{n+1}}=1$，破坏了 Q 与 $\bar{Q}$ 互补的约定，故这种情况是禁止的，而且当 $\bar{R}$、$\bar{S}$ 的低电平信号消失后，此后如果 $\bar{R}$、$\bar{S}$ 又同时为 1，则新状态会由于两个门延迟时间的不同、当时所受外界干扰不同等因素而无法判定，即会出现 Q 与 $\bar{Q}$ 的不定状态，这是不允许的，应尽量避免。

通过上述分析归纳即可得到与非门组成的基本 RS 触发器的功能表如表 4-1。

表 4-1   与非门组成的基本 RS 触发器的功能表

$\bar{R}$	$\bar{S}$	Q^{n+1}	逻辑功能
0	0	×	不确定
0	1	0	置 0
1	0	1	置 1
1	1	Q^n	保持

3. 特性方程

描述触发器次态 Q^{n+1} 与输入信号、现态 Q^n 之间逻辑关系的最简表达式称为特性方程，也称特征方程。将基本 RS 触发器的功能表 4-1 填写卡诺图 4-2，化简后得

$$\begin{cases} Q^{n+1} = S + \bar{R}Q^n \\ \bar{S} + \bar{R} = 1 \end{cases} \qquad (4-1)$$

其中，$\bar{S}+\bar{R}=1$ 是使用该触发器的约束条件，即正常使用时应避免 $\bar{S}$ 和 $\bar{R}$ 同时为 0。

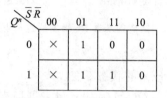

Q^n \ $\bar{S}\bar{R}$	00	01	11	10
0	×	1	0	0
1	×	1	1	0

图 4-2　基本 RS 触发器卡诺图

4.2.2　或非门组成的基本 RS 触发器

基本 RS 触发器也可以用两个或非门组成，其逻辑电路图与逻辑符号如图 4-3 所示，其功能表如表 4-2 所示。可见基本 RS 触发器的结构虽有区别，但其功能仍然是一样的，只不过有效电平分别为低电平和高电平。因为仅当 $R(\bar{R})$ 端出现有效电平时，输出 $Q=0$，$\bar{Q}=1$，电路为"0"态，仅当 $S(\bar{S})$ 端出现有效电平时，输出 $Q=1$，$\bar{Q}=0$，电路为"1"态，所以通常称 $R(\bar{R})$ 端为置 0 端（复位端），$S(\bar{S})$ 端为置 1 端（置位端）。

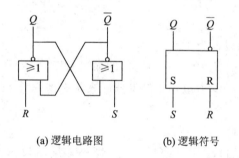

(a) 逻辑电路图　　　(b) 逻辑符号

图 4-3　或非门组成的基本 RS 触发器逻辑电路与逻辑符号

表 4-2　或非门组成的基本 RS 触发器的功能表

R	S	Q^{n+1}	逻辑功能
0	0	Q^n	保持
0	1	1	置 1
1	0	0	置 0
1	1	×	不确定

基本 RS 触发器由于有一个输出不定状态，且又没有时钟控制输入端，所以单独使用的情况并不多，一般只作为其他触发器的一个组成部分。

4.3 同步触发器

在数字系统中，为协调各部分的工作状态，需要由时钟 CP 来控制触发器按一定的节拍同步动作，由时钟脉冲控制的触发器称为同步触发器，也称钟控触发器。

4.3.1 同步 RS 触发器

1. 电路组成和符号

同步 RS 触发器在基本 RS 触发器的基础上增加了两个控制门及一个控制信号，让输入信号经过控制门传送，其逻辑电路图如图 4-4 (a)所示。

同步 RS 触发器

门 G_1、G_2 组成基本 RS 触发器，门 G_3、G_4 是控制门，CP 为控制信号，也称为时钟脉冲或选通脉冲。如图 4-4(b)所示逻辑符号中，CP 为钟控端，控制门 G_3、G_4 的开通和关闭，R、S 为信号输入端，Q、$\overline{Q}$ 为输出端。根据其功能，S 也称置 1 端，R 也称为置 0 端。

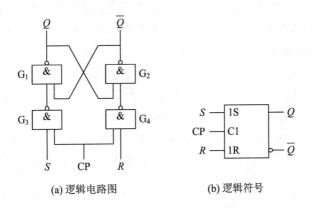

(a) 逻辑电路图　　　(b) 逻辑符号

图 4-4　同步 RS 触发器逻辑电路与逻辑符号

实际应用中常需要利用异步端预置触发器值(置 0 或置 1)，预置完毕后应使 $\overline{R_D} = \overline{S_D} = 1$。异步置 0 端 $\overline{R_D}$ 和异步置 1 端 $\overline{S_D}$ 不受 CP 控制，其逻辑电路图和逻辑符号如图 4-5 所示。

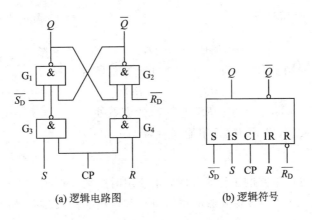

(a) 逻辑电路图　　　(b) 逻辑符号

图 4-5　带异步置位端的同步 RS 触发器

2. 逻辑功能

分析图 4-4 电路的逻辑功能：当 CP=0 时，门 G_3、G_4 被封锁，输出为 1，不论输入信号 R、S 如何变化，触发器的状态不变。

当 CP=1 时，门 G_3、G_4 被打开，输出由 R、S 决定，触发器的状态随输入信号 R、S 的不同而不同。根据与非门和基本 RS 触发器的逻辑功能，可列出同步 RS 触发器的功能表如表 4-3 所示。

表 4-3　同步 RS 触发器的功能表

R	S	Q^{n+1}	逻辑功能
0	0	Q^n	保持
0	1	1	置 1
1	0	0	置 0
1	1	×	不确定

Q^n 表示时钟脉冲 CP 到来前触发器的状态即现态，Q^{n+1} 表示时钟脉冲 CP 到来后触发器的状态即次态。由逻辑符号可知，R、S、CP 处均无小圆圈，表示高电平有效。

3. 特性方程和状态图

特性方程指触发器次态与输入信号和电路原有状态之间的逻辑关系式。由表 4-3 可得同步 RS 触发器的卡诺图如图 4-6(a)所示。反映触发器状态转换规律和输入关系的图形称为状态图，也称为状态转换图，用状态图也可以形象地说明触发器次态转换的方向和条件，由表 4-3 可画出同步 RS 触发器的状态转换图如图 4-6(b)所示。图中，圆圈内的 0 和 1 分别表示触发器的两个稳定状态，箭头表示转换方向，标注表示转换条件。

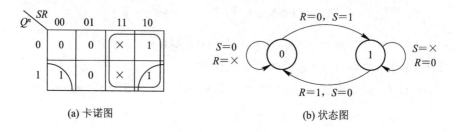

(a) 卡诺图　　　　　　　　　　　(b) 状态图

图 4-6　同步 RS 触发器卡诺图和状态转移图

由卡诺图化简得同步 RS 触发器在 CP=1 期间的特性方程为

$$\begin{cases} Q^{n+1} = S + \bar{R}Q^n \\ RS = 0 \quad （约束条件） \end{cases} \tag{4-2}$$

式中，$RS=0$ 为约束项，表示 R、S 不能同时为 1。

4. 时序图

分析触发器及时序电路的工作过程时，常使用时序图，也叫时序波形图。

例 4-1　试根据同步 RS 触发器的逻辑符号和给出的输入波形(如图 4-7 所示)，画出图中 Q 端的波形。

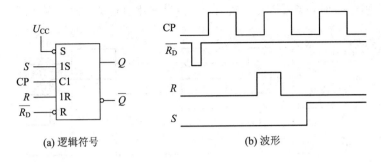

(a) 逻辑符号 (b) 波形

图 4-7 例 4-1 逻辑符号和输入波形

解 根据图 4-7 可得图 4-8 Q 端输出波形图。

在 $\overline{R_D}=0$ 时,不论 CP 脉冲是什么状态,均执行异步置 0 功能,所以 Q 的初始状态不管是高电平还是低电平,在 $\overline{R_D}=0$ 期间 $Q=0$。

在 $\overline{R_D}=1$ 期间,第 1 个 CP 脉冲作用时(CP=1),触发器处于保持状态($R=S=0$),故 Q 不变;第 2 个 CP 脉冲作用时,触发器置 0($R=1$,$S=0$),接下来保持 0 状态($R=S=0$);第 3 个 CP 脉冲作用时,触发器置 1($R=0$,$S=1$)。当 CP=0 时,保持前一个状态不变。

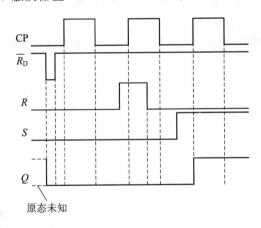

原态未知

图 4-8 例 4-1 Q 端输出波形

5. 主要特点

1) 时钟电平控制

同步 RS 触发器在 CP=1 期间才能接收输入信号,在 CP=0 期间,则保持前一状态不变,可利用多个同步触发器在同一时钟脉冲控制下进行同步工作,方便用户使用。同时,由于触发器受电平控制,抗干扰能力比基本 RS 触发器强。

2) R、S 之间的约束关系

同步 RS 触发器在使用过程中,如果违反了 $RS=0$ 这个约束条件,如图 4-9 所示,就可能出现以下情况:

(1) 在 CP=1 时,若 $R=S=1$,则将出现 Q 和 $\overline{Q}$ 端均为 1 的不正常情况;

(2) 在 CP=1 时,若 R、S 不是同时撤销,则触发器的状态取决于后撤销者;

(3) 在 CP=1 时,若 R、S 同时从 1 跳变到 0 时,则会出现竞争现象,输出端状态不能事先确定;

（4）在 $R = S = 1$ 时，若 CP 突然撤销，也会出现竞争现象，输出端状态不确定。

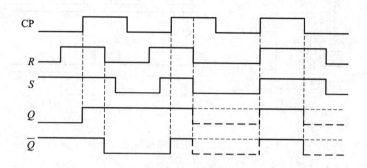

图 4 - 9　同步 RS 触发器的波形图

4.3.2　同步 D 触发器

1. 电路组成和符号

同步 RS 触发器存在约束条件，当 CP＝1 时，若 $R = 1$、$S = 1$，则触发器状态不定，为避免这种状态出现，引入同步 D 触发器，又叫做 D 锁存器，接成如图 4 - 10(a)所示的形式，这样就构成了只有单输入端的同步 D 触发器，其逻辑符号如图 4 - 10(b)所示。

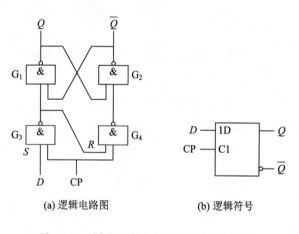

(a) 逻辑电路图　　　　　(b) 逻辑符号

图 4 - 10　同步 D 触发器逻辑图和逻辑符号

同步 D 触发器和
同步 JK 触发器

2. 逻辑功能

由图 4 - 10 可分析同步 D 触发器的逻辑功能如下：

当 CP＝0 时，门 G_3、G_4 被封锁，不论输入信号 D 为高电平还是低电平，触发器的状态不变。

当 CP＝1 时，门 G_3、G_4 被打开，若 $D = 0$，门 G_3 输出为 1，则门 G_4 输出为 0；若 $D = 1$，门 G_3 输出为 0，则门 G_4 输出为 1。根据 D 触发器的逻辑功能，可得出同步 D 触发器在 CP＝1 期间的功能表，如表 4 - 4 所示。

表 4-4 同步 D 触发器的功能表

CP	D	Q^{n+1}	逻辑功能
1	0	0	置 0
1	1	1	置 1
0	×	Q^n	状态不变

3. 特性方程和状态图

由表 4-4 得 D 触发器的卡诺图如图 4-11(a)所示,化简得 D 触发器的特性方程为

$$Q^{n+1} = D \quad \text{CP} = 1 \text{ 期间有效} \tag{4-3}$$

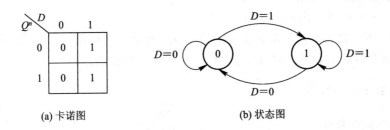

(a) 卡诺图　　　　　　(b) 状态图

图 4-11 D 触发器的卡诺图和状态图

可见,D 触发器的次态 Q^{n+1} 随输入 D 的状态而定,常被用来锁存数据,因此同步 D 触发器又称为 D 锁存器,其状态图如图 4-11(b)所示。

4. 时序图

如果已知 CP 和 D 的波形,可画出 D 触发器的时序图如图 4-12 所示。根据 D 触发器的逻辑功能可知,只有当 CP=1 时,触发器的状态随输入信号 D 的变化而变化;当 CP=0 时,触发器的状态不变。

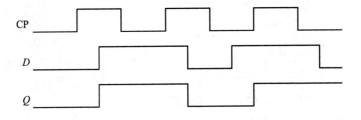

图 4-12 D 触发器时序图

例 4-2 如图 4-13 所示,已知 D 触发器的 CP 和 D 的波形,试对应输入波形画出图中 Q 端波形(设触发器初始状态为 0)。

解 Q 端波形如下:

由图 4-13 可知,同步 D 触发器在 CP=1 期间能发生多次翻转,这种现象称为空翻。

5. 主要特点

(1) 时钟电平控制,无约束条件。

时钟电平控制与同步 RS 触发器类似,在 CP=1 期间,跟随输入信号 D 变化,触发器

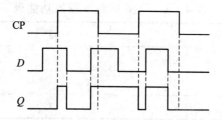

图 4-13　例 4-2 时序图

可以完成置 1 和置 0 功能。但是，从功能表和特性方程可以看出，D 触发器电路是在同步 RS 触发器基础上经过改进得到的，不存在不定状态，它的次态 Q^{n+1} 仅取决于控制输入端 D，而与现态 Q^n 无关，因此不存在约束条件。

（2）CP＝1 时跟随，下降沿到来时才锁存。

在 CP＝1 时，输出端状态跟随输入端 D 变化而变化，只有到 CP 脉冲下降沿到来时才锁存，因此触发器输出端锁存的内容是 CP 下降沿瞬间 D 的值。

4.3.3　同步 JK 触发器

1. 电路组成和符号

将同步 RS 触发器输出端交叉引回到输入端，同时将输入端 S 改为 J，R 改为 K，利用 Q 端与 $\overline{Q}$ 端互补这一特性，也可以满足 $R \neq S$，消去不定状态，就构成了同步 JK 触发器，如图 4-14 所示。如图 4-14(a) 所示为同步 JK 触发器的逻辑电路图，如图 4-14(b) 所示为同步 JK 触发器的逻辑符号。

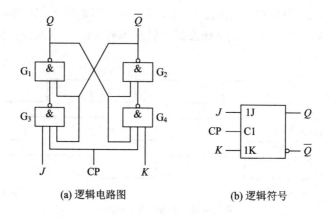

(a) 逻辑电路图　　　　　　　(b) 逻辑符号

图 4-14　同步 JK 触发器逻辑图和逻辑符号

2. 逻辑功能

结合同步 RS 触发器的知识，由同步 JK 触发器与同步 RS 触发器的关系可得，$S = J\overline{Q^n}$，$R = KQ^n$，所以 $RS = (KQ^n)(J\overline{Q^n}) = 0$，约束条件自动成立，故对同步 JK 触发器的输入信号 J、K 无约束条件。

由图 4-14(a) 同步 JK 触发器的逻辑电路图可分析，当 CP＝0 时，G_3、G_4 门被封锁，J、K 输入端的变化对 G_1、G_2 门的输入无影响，触发器处于保持状态；当 CP＝1 时，J、K

输入端分别为 00、01、10 时，输出端状态与同步 RS 触发器状态相同；如果在 CP＝1 时，$J＝K＝1$，则触发器反转。同步 JK 触发器的功能表如表 4－5 所示。

表 4－5 同步 JK 触发器功能表

CP	J	K	Q^{n+1}	逻辑功能
0	×	×	Q^n	状态不变
1	0	0	Q^n	保持
1	0	1	0	置 0
1	1	0	1	置 1
1	1	1	$\overline{Q^n}$	翻转(计数)

3. 特性方程和状态图

由真值表可得 JK 触发器的卡诺图如图 4－15(a)所示，其状态图如图 4－15(b)所示，化简卡诺图得其特性方程为

$$Q^{n+1} = J\,\overline{Q^n} + \overline{K}Q^n \qquad CP = 1 \text{ 期间有效} \tag{4-4}$$

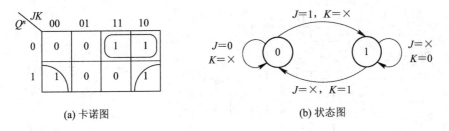

(a) 卡诺图　　　　　　　　　　(b) 状态图

图 4－15 同步 JK 触发器的卡诺图和状态图

4. 时序图

例 4－3 设同步 JK 触发器初始状态为 0，试对应输入波形画出 Q 端波形。

解 CP＝0 时，同步触发器状态不变；CP＝1 时，触发器根据 J、K 信号取值按照 JK 功能工作，如图 4－16 所示。

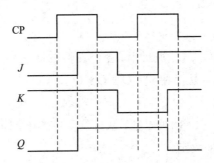

图 4－16 例 4－3 时序图

上述介绍的同步触发器的触发方式为电平触发式，即由时钟脉冲信号控制触发器工作的方式。在 CP＝1 期间翻转的称正电平触发式；CP＝0 期间翻转的称负电平触发式。

4.4　无空翻触发器

同步触发器的共同缺点是存在空翻,即有可能使触发器在一个 CP 脉冲期间发生多次翻转,这种两次或两次以上翻转的现象称为"空翻",如例 4-2 波形所示,空翻可导致电路工作失控。为了避免空翻现象的发生,在实际应用中一般采用无空翻的触发器。

主从触发器由主触发器和从触发器组成,具有主从结构,是能够克服空翻现象的触发器。

4.4.1　主从 RS 触发器

1. 电路组成和符号

主从 RS 触发器由两个同步 RS 触发器——主触发器和从触发器组成,后者的时钟脉冲是前者时钟脉冲取反的结果,其逻辑电路如图 4-17(a)所示,逻辑符号如图 4-17(b)所示。

主从 RS 触发器和
主从 JK 触发器

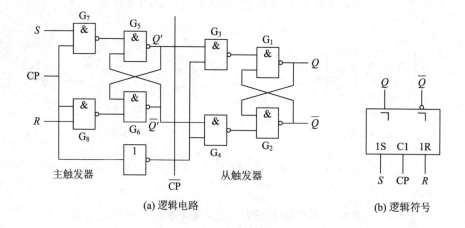

(a) 逻辑电路　　　　　　　　(b) 逻辑符号

图 4-17　主从 RS 触发器逻辑电路与逻辑符号

2. 逻辑功能

1) CP＝0 时

CP＝0 时,$\overline{CP}=1$,门 G_7、G_8 被封锁,主触发器被禁止,门 G_3、G_4 被打开,从触发器使能,接收主触发器的信号,从而使 $Q=Q'$,$\overline{Q}=\overline{Q'}$。

2) CP＝1 时

CP＝1 时,$\overline{CP}=0$,门 G_3、G_4 被封锁,从触发器被禁止,即 Q、$\overline{Q}$ 状态不变,门 G_7、G_8 被打开,Q'、$\overline{Q'}$ 由 R、S 值来决定。

3) CP 由 1 变为 0 时

CP 由 1 变为 0 时,$\overline{CP}$ 由 0 变为 1,使主触发器被禁止,从触发器使能,从触发器接收在 CP＝1 期间存入主触发器的信号。

综上所述,主从 RS 触发器的逻辑功能与同步 RS 触发器的逻辑功能完全相同,只是分成两拍进行,第一拍是 CP 由 0 变 1 后,主触发器接收输入信号,但整个触发器的状态不变;第二拍是 CP 由 1 变 0,即 CP 下降沿到来时,从触发器接收主触发器的信号,而主触发器不接收外来信号。

主从 RS 触发器的功能表与前面讲解的同步 RS 触发器的功能表(表 4-3)一样,只不过触发方式为下降沿触发,主从 RS 触发器的特性方程和状态图也与同步 RS 触发器相同,只是下降沿触发。

3. 时序图

主从 RS 触发器的时序图如图 4-18 所示,假设初始状态为 0,其中主触发器的输出端"主 Q"是按照同步 RS 触发器的规律变化,即在 CP=1 期间变化,在 CP=0 期间保持;从触发器的输出"从 Q"是在 CP 下降沿到来时,把"主 Q"输出到输出端。

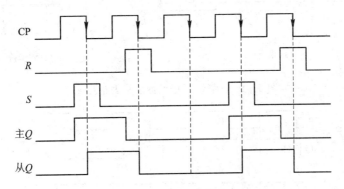

图 4-18 主从 RS 触发器时序图

4.4.2 主从 JK 触发器

1. 电路组成和符号

实际使用的主从触发器主要是主从 JK 触发器,如图 4-19(a)主从 JK 触发器的逻辑电路图所示,它是在主从 RS 触发器的基础上发展而来,主从 RS 触发器在 CP=1 时,输入信号之间有约束,即 $S=R=1$ 时,控制门 G_7、G_8 输入全为高电平,因此输出全为低电平,从而导致 Q'、$\overline{Q'}$ 全为 1,这是不允许的,由于 CP=1 时,Q、$\overline{Q}$ 的状态不变而且互补,所以把它们引回到门 G_7、G_8 的输入端,这就避免了输入的约束问题。

2. 逻辑功能

下面以如图 4-20 所示的主从 JK 触发器波形为例,讨论主从 JK 触发器的逻辑功能。

1) 在 CP=0 时

在 CP=0 期间,时钟信号锁定主触发器,从触发器工作,但从触发器输入状态不会改变,则主从 JK 触发器的状态不变,即 $Q^{n+1}=Q^n$。

2) 在 CP=1 时

在 CP=1 期间,主触发器工作,输出状态 Q^{n+1} 随着输入信号 J 和 K 的变化而改变。时钟封锁从触发器,使其输出保持不变。则主从 JK 触发器状态仍保持原态不变,即 $Q^{n+1}=Q^n$。

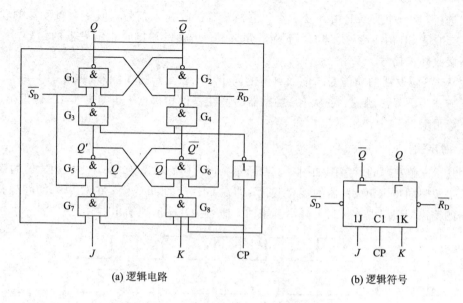

(a) 逻辑电路　　　　　　　　　　　(b) 逻辑符号

图 4 - 19　主从 JK 触发器逻辑电路及符号

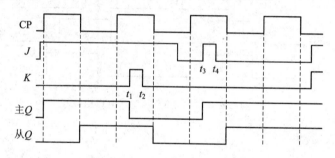

图 4 - 20　主从 JK 触发器波形

3) 在 CP 从 0 变 1 时

在 CP 从 0 到 1(上升沿)时刻,主触发器从锁定到工作,同时,从触发器从工作到被锁定,则主从 JK 触发器保持原态不变,即 $Q^{n+1} = Q^n$。

4) 在 CP 从 1 变 0 时

在 CP 从 1 到 0(下降沿)时刻,主触发器从工作转为锁定,同时从触发器解除封锁开始工作。主从触发器状态取决于 CP=1 最后时刻的输入 J、K 和相应的现态决定的次态。

5) $\overline{R_D}$ 和 $\overline{S_D}$ 的作用

图 4 - 19(b)主从 JK 触发器逻辑符号中,$\overline{R_D}$ 是异步置 0 端,$\overline{S_D}$ 是异步置 1 端,具体功能如下:

(1) 当 $\overline{R_D} = 0$,$\overline{S_D} = 1$ 时,触发器直接(异步)置 0。

(2) 当 $\overline{R_D} = 1$,$\overline{S_D} = 0$ 时,触发器直接(异步)置 1。

(3) 当 $\overline{R_D} = \overline{S_D} = 1$ 时,触发器的状态由 CP、同步输入信号 J、K 和触发器的原态决定。

从主从 JK 触发器的逻辑功能分析可得,主从 JK 触发器输出次态 Q^{n+1},由 CP 有效沿时刻的输入 J、K 和相应的现态 Q^n 决定。主从 JK 触发器的功能表与同步 JK 触发器逻辑功能相同,只是在 CP 下降沿有效。

主从 JK 触发器功能完善，并且输入信号 J、K 之间没有约束。但主从 JK 触发器还存在着一次变化问题，即主从 JK 触发器中的主触发器，在 CP＝1 期间其状态能且只能变化一次，这种变化可以是 J、K 变化引起的，也可以是干扰脉冲引起的，因此其抗干扰能力尚需进一步提高。

4. 4. 3　边沿触发器

边沿触发器的次态仅取决于时钟信号 CP 上升沿（或下降沿）到达时刻输入信号的状态，从而克服了空翻，提高了抗干扰能力。

1. 上升沿触发

CP 脉冲由低电平上跳到高电平这一时刻称为上升沿，上升沿触发是指触发器只有 CP 脉冲上升沿接收信号，产生翻转。例如，边沿 D 触发器的逻辑符号如图4-21 所示。

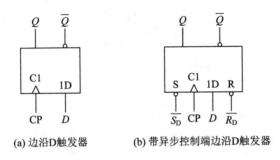

(a) 边沿D触发器　　　　(b) 带异步控制端边沿D触发器

图 4-21　边沿 D 触发器的逻辑符号

边沿 D 触发器功能表如表 4-6 所示。

表 4-6　边沿 D 触发器功能表

$\overline{R_D}$	$\overline{S_D}$	CP	D	Q^{n+1}	逻辑功能
0	1	×	×	0	异步置0
1	0	×	×	1	异步置1
0	0	×	×	不定态	禁用
1	1	0	×	Q^n	保持
1	1	1	×	Q^n	保持
1	1	↑	0	0	在 CP↑执行
1	1	↑	1	1	$Q^{n+1}=D$

2. 下降沿触发

CP 脉冲由高电平下跳到低电平这一时刻称为下降沿，下降沿触发是指触发器只有 CP 脉冲下降沿接收信号，产生翻转。例如，边沿 JK 触发器的逻辑符号如图4-22 所示。

边沿 JK 触发器功能表如表 4-7 所示。

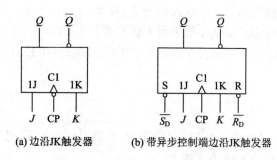

(a) 边沿JK触发器   (b) 带异步控制端边沿JK触发器

图 4-22 边沿 JK 触发器的逻辑符号

表 4-7 边沿 JK 触发器功能表

$\overline{R_D}$	$\overline{S_D}$	CP	J	K	Q^{n+1}	逻辑功能
0	1	×	×	×	0	异步置 0
1	0	×	×	×	1	异步置 1
0	0	×	×	×	不定态	禁用
1	1	0	×	×	Q^n	保持
1	1	1	×	×	Q^n	保持
1	1	↓	0	0	Q^n	在 CP↓ 执行 $Q^{n+1}=J\overline{Q^n}+\overline{K}Q^n$
1	1	↓	0	1	0	
1	1	↓	1	0	1	
1	1	↓	1	1	$\overline{Q^n}$	

4.4.4 主从触发器与边沿触发器比较

前面介绍了无空翻触发器中的主从触发器和边沿触发器，下面比较一下这两类触发器的特点：

1. 工作特点

1）主从触发器

CP＝1 期间，主触发器接收输入信号；CP＝0 期间，主触发器保持 CP 下降沿之前状态不变，而从触发器接受主触发器状态。因此，主从触发器的状态只能在 CP 下降沿时刻翻转，这种触发方式称为主从触发式。

2）边沿触发器

只能在 CP 上升沿（或下降沿）时刻接收输入信号，因此，电路状态只能在 CP 上升沿（或下降沿）时刻翻转，这种触发方式称为边沿触发式。

2. 相同之处

这两种触发器只能在 CP 边沿时刻翻转，因此都克服了空翻，可靠性和抗干扰能力强，应用范围广。

3. 相异之处

这两种触发器电路结构和工作原理不同，因此电路功能不同。为保证电路正常工作，要求主从 JK 触发器的 J 和 K 信号在 CP＝1 期间保持不变；而边沿触发器没有这种限制，其功能较完善，因此应用更广。

4.5　T 触发器和 T′ 触发器

4.5.1　T 触发器和 T′ 触发器

1. 电路组成和符号

在数字电路中，不仅经常用到 RS、JK、D 触发器，而且也会用到 T 和 T′ 触发器。凡在时钟脉冲 CP 控制下，根据输入信号 T 取值的不同，具有保持和翻转的电路，即当 $T＝0$ 时能保持状态不变，$T＝1$ 时一定翻转的电路，都称为 T 触发器，T 触发器如图 4-23(a)所示。在电路实现中，可将 JK 触发器的 J、K 连在一起，作为输入 T，即可得到 T 触发器。在 T 触发器中，如果使输入端 T 恒等于 1，则构成翻转触发器，为了区别于 T 触发器，将之称为 T′ 触发器，T′ 触发器逻辑符号如图 4-23(b)所示。

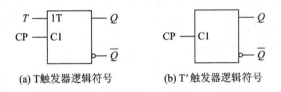

(a) T触发器逻辑符号　　　　(b) T′触发器逻辑符号

图 4-23　T 触发器和 T′ 触发器逻辑符号

2. 逻辑功能

T 触发器的逻辑功能即为 JK 触发器当 J＝K 时的逻辑功能，所以 T′ 触发器在 CP 有效时，功能表如表 4-8 所示。

表 4-8　T 触发器的功能表

T	Q^{n+1}	逻辑功能
0	Q^n	保持
1	$\overline{Q^n}$	翻转(计数)

T′ 触发器是当 T 触发器的输入 $T＝1$ 时的一种特殊情况，所以 T′ 触发器称为计数型触发器，T 触发器又称为可控计数型触发器。

3. 特性方程和状态图

T 触发器可以由 JK 触发器得到，JK 触发器的特性方程为 $Q^{n+1} = J\,\overline{Q^n} + \overline{K}Q^n$。当 $J＝K＝1$ 时，每来一个时钟脉冲触发器状态改变一次(即为计数状态)，而当 $J＝K＝0$ 时，每来一个时钟脉冲触发器状态保持不变。令 JK 触发器的输入 $J＝K＝T$，得 T 触发器，当 $T＝1$ 时，触发器可以对 CP 计数；T＝0 时，保持状态不变。其特性方程为

$$Q^{n+1} = T\overline{Q^n} + \overline{T}Q^n = T \oplus Q^n$$

$$\Rightarrow Q^{n+1} = \begin{cases} \overline{Q^n} & T = 1(\text{计数}) \\ Q^n & T = 0(\text{保持}) \end{cases} \tag{4-5}$$

T 触发器的状态转换图如图 4 - 24 所示。

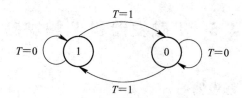

图 4 - 24 T 触发器状态转换图

T′触发器是 T 触发器当 T 恒为 1 的特例,即 T′触发器用于直接对 CP 计数,其特性方程为

$$Q^{n+1} = T\overline{Q^n} + \overline{T}Q^n \big|_{T=1} = \overline{Q^n} \tag{4-6}$$

例 4 - 4 画出当 T 触发器的输入端为 $T=1$ 时或 T′触发器的波形(假定负沿有效,Q 初值为 0)。

解 如图 4 - 25 所示,在 CP 下降沿时,输出翻转。

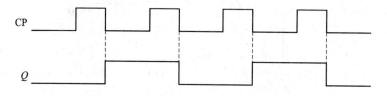

图 4 - 25 T′触发器波形图

4.5.2 触发器逻辑功能转换

T 触发器或 T′触发器的逻辑符号决定于构成该触发器的 JK(或 D、RS)触发器的符号。每一种触发器都有自己固定的逻辑功能。在实际应用中往往需要各种类型的触发器,而市场上出售的触发器多为集成 D 触发器和 JK 触发器,如果想获得其他功能的触发器时,可以利用转换的方法获得具有其他功能的触发器。

转换方法如下:

(1)写出待求触发器和给定触发器的特性方程。

(2)比较上述特性方程,得出给定触发器中输入信号的接法。

(3)画出用给定触发器实现待求触发器的电路。

例如,可将 JK 触发器转换成 D 触发器、T 触发器、T′触发器。如图 4 - 26(a)所示,将 JK 触发器转换为 D 触发器,已知 JK 触发器特性方程 $Q^{n+1} = J\overline{Q^n} + \overline{K}Q^n$,欲得 $Q^{n+1} = D$,令 $J = \overline{K} = D$ 即可。同理,如图 4 - 26(b)(c)所示,可得 JK 触发器转换成 T 触发器和 T′触发器电路连接图。

D
1
1J
C1
1K
Q
$\overline{Q}$
CP
T
CP
1J
C1
1K
Q
$\overline{Q}$
1
CP
1J
C1
1K
Q
$\overline{Q}$

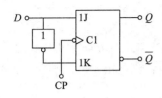

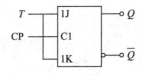

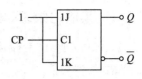

(a) JK触发器转换成D触发器　　(b) JK触发器转换成T触发器　　(c) JK触发器转换成T′触发器

图 4-26　JK 触发器转换成 D、T、T′触发器

4.6　集成触发器

4.6.1　集成边沿 D 触发器

74LS74 触发器为 TTL 双上升沿 D 触发器，带有预置端和清零端，其管脚排列如图 4-27 所示，功能表同表 4-6 边沿 D 触发器功能表。在 74LS74 中集成了两个触发器单元，它们都是由 CP 上升沿触发的边沿 D 触发器，异步输入端$\overline{R_D}$、$\overline{S_D}$为低电平有效。在 CP 上升沿，74LS74 的特性方程是 $Q^{n+1}=D$，$\overline{S_D}=0$ 时置位，$\overline{R_D}=0$ 时复位，约束条件为$\overline{S_D}+\overline{R_D}=1$。

集成触发器

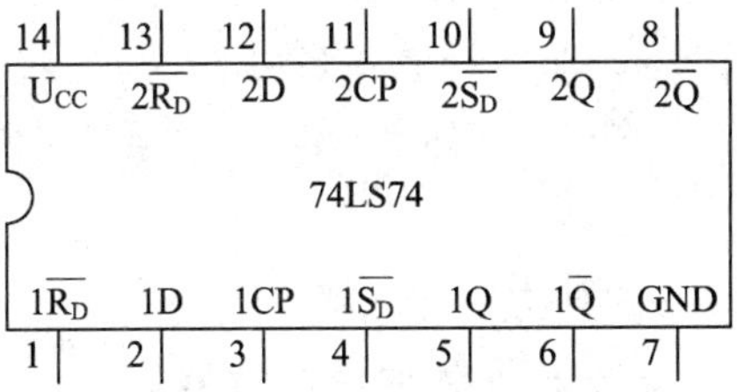

14
13
12
11
10
9
8
U_{CC}
$2\overline{R_D}$
2D
2CP
$2\overline{S_D}$
2Q
$2\overline{Q}$
74LS74
$1\overline{R_D}$
1D
1CP
$1\overline{S_D}$
1Q
$1\overline{Q}$
GND
1
2
3
4
5
6
7

图 4-27　74LS74 管脚排列

CMOS 边沿 D 触发器 CC4013 是双上升沿 D 触发器。在 CC4013 中集成了两个触发器单元，它们都是由 CP 上升沿触发的边沿 D 触发器，异步输入端 R_D、S_D 为高电平有效。功能表如表 4-9 所示，在 CP 上升沿，CC4013 的特性方程是 $Q^{n+1}=D$，$S_D=1$ 时置位，$R_D=1$ 时复位，约束条件为 $S_DR_D=0$。

表 4-9　边沿 D 触发器 CC4013 功能表

R_D	S_D	CP	D	Q^{n+1}	逻辑功能
1	0	×	×	0	异步置 0
0	1	×	×	1	异步置 1
1	1	×	×	不定态	禁用
0	0	↓	×	Q^n	保持
0	0	↑	0	0	在 CP↑执行
0	0	↑	1	1	$Q^{n+1}=D$

4.6.2　集成边沿 JK 触发器

74LS112 为 TTL 下降沿双 JK 触发器，管脚排列如图 4-28 所示。功能表同表 4-7 边沿 JK 触发器功能表。74LS112 内部集成了两个触发器单元，它们都是由 CP 下降沿触发的边沿 JK 触发器，异步输入端 $\overline{R_D}$、$\overline{S_D}$ 为低电平有效。

特性方程为 $Q^{n+1}=J\,\overline{Q^n}+\overline{K}Q^n$，$\overline{S_D}=0$ 时置位，$\overline{R_D}=0$ 时复位，约束条件为 $\overline{S_D}+\overline{R_D}=1$。

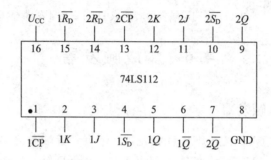

图 4-28　74LS112 管脚排列

4.7　实训——流水灯的设计与仿真

1. 设计要求

采用边沿 D 触发器(74LS74)和 38 译码器(74LS138)构成一个流水灯电路。要求系统共有 8 个灯，其效果始终是 1 个亮 7 个暗，且这一个亮灯向右循环移动。

2. 原理框图

如图 4-29 流水灯原理框图所示，流水灯电路由 74LS74 中的 3 个触发器构成异步八进制加法计数器，再将计数器的输出端分别与 74LS138 译码器输入端连接，根据译码器的工作原理输出一个引脚为低电平有效时，点亮与输出低电平相连的发光二极管，其余二极管熄灭。

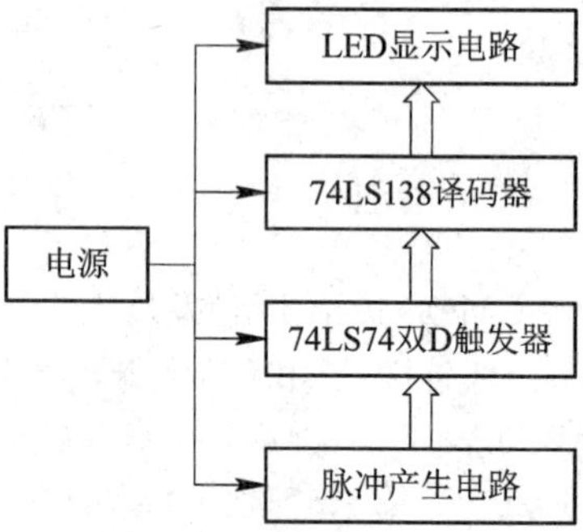

图 4-29　流水灯原理框图

3. 电路仿真

流水灯电路仿真图如图 4-30 所示，由两片双上升沿 D 触发器 74LS74 内部的 3 个触发器构成异步 3 位二进制加法计数器，各触发器均接成计数状态，即每个触发器的输入端与输出反相端连接，可实现 $Q^{n+1}=\overline{Q^n}$ 的功能，并将前级的 $\overline{Q^n}$ 输出端接至下一级的 CP 脉冲输入端，将每个触发器的输出端接至 74LS138 的输入端"1、2、3"引脚，74LS138 的使能端均接有效电平，使译码器处于工作状态。

电路计数开始，先将异步置零端连接的开关 S1 由"GND"拨向"VCC"，即从"000"开始计数。计数过程如图 4-31 流水灯时序图所示，触发器的输出端"$Q_2Q_1Q_0$"分别从"000"计到"111"再返回到"000"，依次循环，74LS138 的输出端"$\overline{Y_0}\sim\overline{Y_7}$"依次输出低电平，体现在输出显示上就是发光二极管依次循环右移。触发器的异步置位端均接高电平。

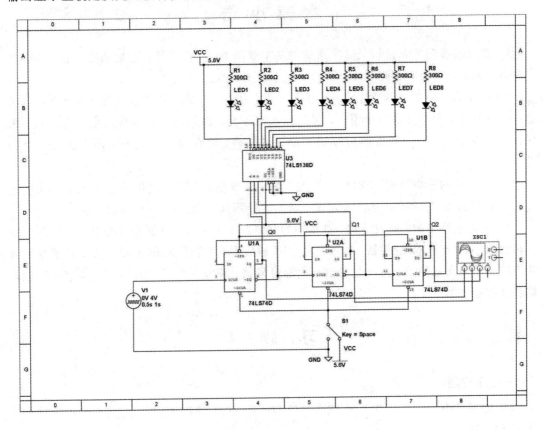

图 4 - 30 流水灯电路仿真图

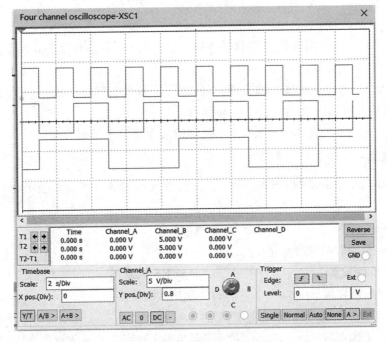

图 4 - 31 流水灯时序图

本 章 小 结

1. 触发器和门电路是构成数字系统的基本逻辑单元。前者具有记忆功能，用于构成时序逻辑电路；后者没有记忆功能，用于构成组合逻辑电路。

2. 触发器有两个基本特性：一是有两个稳定状态；二是在外信号作用下，两个稳定状态可相互转换，没有外信号作用时，保持原状态不变。因此触发器具有记忆功能，常用来保存二进制信息。一个触发器可存储 1 位二进制码，要存储 n 位二进制码则需用 n 个触发器。

3. 触发器的逻辑功能是指触发器的次态与现态及输入信号之间的逻辑关系。其描述方法主要有功能表、特性方程、驱动表、状态转换图和波形图（又称时序图）等。

4. 依据电路结构、触发方式、逻辑功能和制造工艺可对触发器进行分类。触发器根据逻辑功能不同分为 RS 触发器、D 触发器、JK 触发器、T 触发器和 T′ 触发器；根据触发方式不同分为电平触发器、主从触发器和边沿触发器；根据是否受时钟控制分为，异步触发器和钟控触发器。

习 题 4

一、填空题

1. 触发器有_____个稳定状态，当 $Q=0$、$\bar{Q}=1$ 时，称为_____态；当 $Q=1$、$\bar{Q}=0$ 时，称为_____态。

2. TTL 集成 JK 触发器正常工作时，其 $\overline{R_D}$ 和 $\overline{S_D}$ 端应接_____电平。

3. JK 触发器具有_____、_____、_____和_____功能。

4. 如果把 D 触发器的输出端 $\bar{Q}$ 反馈连接到输入端 D，则输出 Q 的脉冲波形频率为 CP 脉冲频率的_____分频。

5. 如果把 JK 触发器的输入端接到一起，则 JK 触发器就转换成_____触发器，如果 JK 输入端均为"1"时，则为_____触发器。

6. 由与非门组成的基本 RS 触发器不允许输入变量 $\bar{R}\,\bar{S}$ 的组合为_____。

二、选择题

1. 由与非门组成的基本 RS 触发器，不允许输入 $\overline{R_D}$ 和 $\overline{S_D}$ 的变量取值组合为（   ）。

A. 0 0　　　　　　　　　　B. 0 1

C. 1 0　　　　　　　　　　D. 1 1

2. 存在空翻问题的触发器是（   ）。

A. 边沿 D 触发器　　　　　　B. 同步 RS 触发器

C. 主从 JK 触发器　　　　　　D. 同步 D 触发器

3. 仅具有"置 0""置 1"功能的触发器是（   ）。

A. JK 触发器　　　　　　　　B. 同步 RS 触发器

C. 基本 RS 触发器　　　　　　　　D. D 触发器

4. 仅具有"保持""翻转"功能的触发器叫(　　)。

A. JK 触发器　　　　　　　　　　B. T 触发器

C. D 触发器　　　　　　　　　　　D. T' 触发器

5. 具有"置 0""置 1""保持"和"计数翻转"功能的触发器是(　　)。

A. JK 触发器　　　　　　　　　　B. D 触发器

C. T 触发器　　　　　　　　　　　D. T' 触发器

6. JK 触发器用做 T' 触发器时,控制端 J、K 正确接法是(　　)。

A. $J=Q^n$, $K=Q^n$　　　　　　　B. $J=K=1$

C. $J=K=0$　　　　　　　　　　　D. $J=\overline{Q^n}$, $K=\overline{Q^n}$

7. D 触发器用做 T' 触发器时,输入控制端 D 的正确接法是(　　)。

A. $D=Q^n$　　　　　　　　　　　B. $D=\overline{Q^n}$

C. $D=1$　　　　　　　　　　　　D. $D=0$

8. 触发器由门电路构成,但它不同于门电路的功能,主要特点是(　　)。

A. 和门电路功能一样　　　　　　B. 有记忆功能

C. 没有记忆功能

9. 存在不定状态的触发器是(　　)。

A. RS 触发器　　　　　　　　　　B. D 触发器

C. JK 触发器　　　　　　　　　　D. T 触发器

10. 以下触发器受输入信号直接触发的是(　　)。

A. 基本 RS 触发器　　　　　　　　B. 同步 RS 触发器

C. JK 触发器

11. 不能用作计数器的触发器是(　　)。

A. 同步 RS 触发器

B. 边沿 D 触发器

C. 边沿 JK 触发器

12. 在 CP 有效时,若 JK 触发器的 J、K 端同时输入高电平,则其次态将会(　　)。

A. 保持　　　　　　　　　　　　B. 置 0

C. 置 1　　　　　　　　　　　　D. 翻转

13. 函数 $Y=\overline{A}C+AB+\overline{B}\,\overline{C}$,当变量的取值为(　　)时,将不会出现冒险现象。

A. $B=C=1$　　　　　　　　　　B. $B=C=0$

C. $A=1$, $C=0$　　　　　　　　D. $A=0$, $B=0$

三、画图题

1. 如图 4-32 所示,由 TTL 与非门构成的同步 RS 触发器,已知输入 R、S 波形,Q 初始状态为 0,画出输出 Q 端的波形,并写出同步 RS 触发器特性方程。

2. 已知 D 锁存器有输入波形如图 4-33 所示,试画出其 Q 端的波形(设触发器初态为 $Q=0$)。

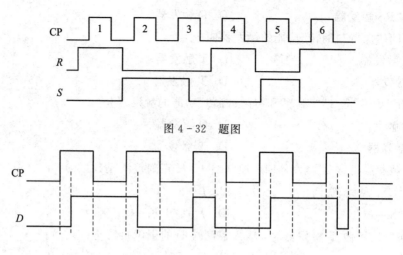

图 4-32 题图

图 4-33 题图

3. 若 JK 触发器初态为 0，试根据图 4-34 中 CP、J、K 端波形画出 Q，$\bar{Q}$ 的波形。

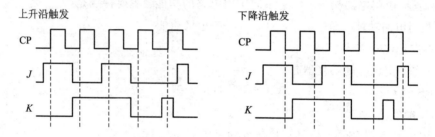

图 4-34 题图

4. 如图 4-35 所示各触发器，设其初态为 $Q=0$，试分别画出各电路对应 4 个 CP 脉冲作用下的输出端 Q 的波形。

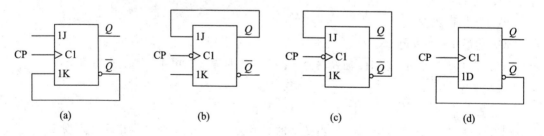

(a)   (b)   (c)   (d)

图 4-35 题图

5. 将图 4-36 D 触发器转换为 JK 触发器、T 触发器和 $\mathrm{T'}$ 触发器。

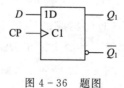

图 4-36 题图

6. 根据如图 4 - 37 所示的逻辑图及相应的 CP、$\overline{R_D}$ 和 D 的波形，试画出 Q_1 端和 Q_2 端的输出波形，设初始状态 $Q_1 = Q_2 = 0$。

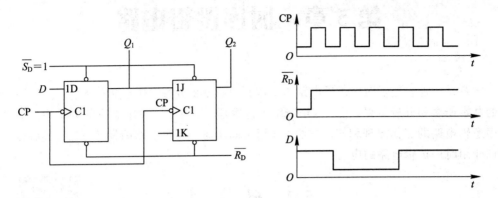

图 4 - 37 题图

7. 试画出如图 4 - 38 所示电路在连续 3 个 CP 周期信号作用下，Q_1 和 Q_2 端的输出波形，设各触发器初态均为 0。

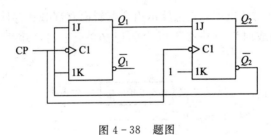

图 4 - 38 题图

第 5 章 时序逻辑电路

本章系统地讲述了时序逻辑电路的工作原理和分析方法。首先简要介绍了时序逻辑电路的基本概念和分析步骤；然后详细介绍了计数器、寄存器、顺序脉冲发生器等各类常用时序逻辑电路的工作原理和使用方法，介绍了同步时序逻辑电路的设计方法，最后以一个实训介绍时序逻辑电路的应用。

5.1 概　述

时序逻辑电路

5.1.1 时序逻辑电路的组成

时序逻辑电路又称时序电路，它主要由组合逻辑电路部分和存储电路（触发器）部分组成，而且，触发器是构成时序电路必不可少的记忆单元。时序逻辑电路的结构框图如图 5-1 所示。

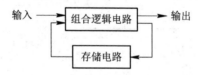

图 5-1 时序逻辑电路的结构框图

在组合逻辑电路中，当输入信号发生变化时，输出信号也立刻随之响应，即在任何一个时刻的输出信号仅取决于当时的输入信号；而在时序逻辑电路中，任何时刻的输出信号不仅取决于当时的输入信号，而且还取决于电路原来的工作状态，即与以前的输入信号也有关。

5.1.2 时序逻辑电路的分类

1. 按触发时间分类

时序逻辑电路按各触发器接收时钟信号的不同，可分为同步时序电路和异步时序电路。在同步时序电路中，各触发器由统一的时钟信号控制，并在同一脉冲作用下发生状态变化；异步时序电路则是无统一的时钟信号，各存储单元状态的变化不是同时发生的，因此状态转换有先有后。

2. 按逻辑功能分类

时序逻辑电路按逻辑功能的不同，可分为计数器、寄存器、脉冲发生器等。在实际应用中，时序逻辑电路千变万化的，本章重点讲述几种比较典型的电路。

3. 按输出信号的特性分类

时序逻辑电路按输出信号的特性，可分为米利型和穆尔型。米利型时序逻辑电路的输出不仅取决于存储电路的状态，而且取决于电路的输入变量；穆尔型时序逻辑电路的输出仅取决于存储电路的现态。可见，穆尔型时序电路是米利型时序电路的一种特例。

5.1.3　时序逻辑电路功能的描述方法

时序逻辑电路功能的描述方法一般有以下几种：

1. 逻辑表达式

根据时序逻辑电路的结构图，可写出时序电路的驱动方程、状态方程和输出方程。从理论上说，有了这三个表达式，时序逻辑电路的逻辑功能就被唯一地确定了，所以逻辑表达式可以描述时序电路的逻辑功能。

2. 状态转换表

时序电路的输出 Y，次态 Q^{n+1} 与输入 X、现态 Q^n 之间对应取值关系的表格称为状态转换表，简称状态表。

3. 状态转换图

状态转换图简称状态图，它是反映时序逻辑电路状态转换规律及相应输入输出取值情况的几何图形。电路的状态用圆圈表示（圆圈也可以不画出），状态转换用箭头表示，每个箭头旁标出转换的输入条件和相应的电路输出。

4. 时序波形图

时序波形图简称为时序图，它直观地表达了输入信号、输出信号及电路的状态等取值在时间上的关系，以便于用实验方法检查时序逻辑电路的功能。

以上四种描述方法，从不同侧面突出了时序逻辑电路逻辑功能的特点，它们本质上是相通的，可以互相转换。在实际分析和设计中，可根据具体情况选用。

5.2　时序逻辑电路的分析

分析时序逻辑电路一般按照以下步骤进行：

1. 写出电路的方程组

（1）时钟方程。根据给定时序逻辑电路图的触发脉冲，写出各触发器的时钟方程。在同步时序逻辑电路中，因为各触发器接的是同一个触发脉冲，所以时钟方程可以不写。

（2）驱动方程。各个触发器输入端信号的逻辑表达式。

（3）状态方程。驱动方程代入相应触发器的特征方程，得到一组反映各触发器次态的方程式，即为时序逻辑电路的状态方程。

2. 列出状态表

由时序逻辑电路的状态方程和输出方程，列出该时序逻辑电路的状态表。要注意的是，触发器的次态方程只有在满足时钟条件时才会有效，否则电路将保持原来的状态不变。

3. 画出状态图和时序图

可由状态表画出状态图，再由状态图（或状态表）画出时序图。

4. 说明电路的逻辑功能

一般情况下，根据时序逻辑电路的状态表或状态图就可以反映出电路的功能。但在实际应用中，当各个输入、输出信号有明确的物理含义时，常需要结合这些信号的物理含义，进一步说明电路的具体功能。

以上四个步骤是分析时序逻辑电路的基本步骤，在实际应用中可以根据情况加以取舍。

例 5 - 1 试分析如图 5 - 2 所示的同步逻辑电路的逻辑功能。

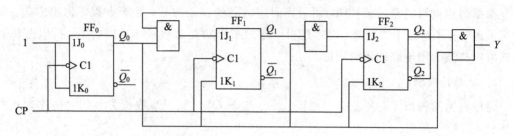

图 5 - 2 例 5 - 1 电路图

解 各触发器时钟端接在同一个时钟脉冲 CP 上，故为同步时序逻辑电路。

（1）写出该电路的输出方程、驱动方程和状态方程。

输出方程：

$$Y = Q_2^n Q_0^n$$

驱动方程：

$$J_0 = K_0 = 1$$
$$J_1 = \overline{Q_2^n} Q_0^n, \quad K_1 = Q_0^n$$
$$J_2 = Q_1^n Q_0^n, \quad K_2 = Q_0^n$$

状态方程：

$$Q_0^{n+1} = J_0 \overline{Q_0^n} + \overline{K_0} Q_0^n = \overline{Q_0^n}$$
$$Q_1^{n+1} = J_1 \overline{Q_1^n} + \overline{K_1} Q_1^n = \overline{Q_2^n} Q_0^n \overline{Q_1^n} + \overline{Q_0^n} Q_1^n$$
$$Q_2^{n+1} = J_2 \overline{Q_2^n} + \overline{K_2} Q_2^n = Q_1^n Q_0^n \overline{Q_2^n} + \overline{Q_0^n} Q_2^n$$

（2）列出状态转换真值表，见表 5 - 1。

表 5 - 1 状态转换真值表

现　　态			次　　态			输　出
Q_2^n	Q_1^n	Q_0^n	Q_2^{n+1}	Q_1^{n+1}	Q_0^{n+1}	Y
0	0	0	0	0	1	0
0	0	1	0	1	0	0
0	1	0	0	1	1	0
0	1	1	1	0	0	0
1	0	0	1	0	1	0
1	0	1	0	0	0	1
1	1	0	1	1	1	0
1	1	1	0	0	0	1

（3）画出时序图，如图 5 - 3 所示。

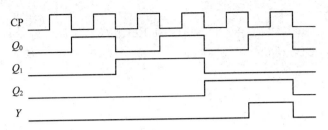

图 5 - 3　例 5 - 1 时序图

（4）根据表 5 - 1 所示画出状态图，如图 5 - 4 所示。

（5）功能描述：如图 5 - 4 所示可见，主循环的状态数为 6，且 110，111 这两个状态在 CP 的作用下最终也能进入主循环，具有自启动能力。所以如图 5 - 4 所示的电路是同步自启动六进制加法计数器。

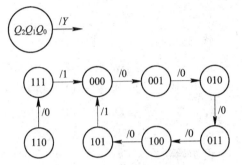

图 5 - 4　例 5 - 1 状态图

在这里要明确以下几个概念：

（1）有效状态与有效循环：有效状态指在时序电路中，被利用了的状态；有效循环指有效状态构成的循环。

（2）无效状态与无效循环：无效状态指在时序电路中，凡是没有被利用的状态。无效循环指无效状态若形成循环，则称为无效循环。

（3）自启动与不能自启动：在 CLK 作用下，无效状态能自动地进入到有效循环中，则称电路能自启动，否则称不能自启动。

例 5 - 2　试分析如图 5 - 5 所示电路的逻辑功能。

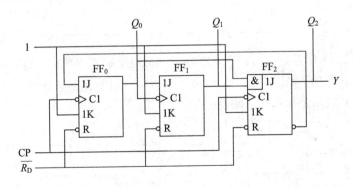

图 5 - 5　例 5 - 2 电路图

解　该电路为异步时序逻辑电路。

异步与同步时序逻辑电路的根本区别在于前者不受同一时钟控制，而后者受同一时钟控制。因此，分析异步时序逻辑电路时需写出时钟方程，并特别注意各触发器的时钟条件何时满足。

（1）写出该电路的方程组如下：

时钟方程：

$$CP_0 = CP_2 = CP \quad （FF_0 \text{ 和 } FF_2 \text{ 由 CP 下降沿触发}）$$

$$CP_1 = Q_0 \quad （FF_1 \text{ 由 } Q_0 \text{ 下降沿触发}）$$

输出方程：

$$Y = Q_2^n$$

驱动方程：

$$J_0 = \overline{Q_2^n}, \ K_0 = 1$$

$$J_1 = K_1 = 1$$

$$J_2 = Q_1^n Q_0^n, \ K_2 = 1$$

状态方程：

$$Q_0^{n+1} = J_0\,\overline{Q_0^n} + \overline{K_0}Q_0^n = \overline{Q_2^n}\,\overline{Q_0^n} + \overline{1}Q_0^n = \overline{Q_2^n}\,\overline{Q_0^n} \quad （CP \text{ 下降沿有效}）$$

$$Q_1^{n+1} = J_1\,\overline{Q_1^n} + \overline{K_1}Q_1^n = 1\,\overline{Q_1^n} + \overline{1}Q_0^n = \overline{Q_1^n} \quad （Q_0 \text{ 下降沿有效}）$$

$$Q_2^{n+1} = J_2\,\overline{Q_2^n} + \overline{K_2}Q_2^n = Q_1^n Q_0^n\,\overline{Q_2^n} + \overline{1}Q_2^n = Q_1^n Q_0^n\,\overline{Q_2^n} \quad （CP \text{ 下降沿有效}）$$

（2）列出状态转换真值表，见表 5 - 2。

设初始状态为 $Q_2 Q_1 Q_0 = 000$

表 5 - 2　状态转换真值表

现　　态			次　　态			输出	时钟脉冲		
Q_2^n	Q_1^n	Q_0^n	Q_2^{n+1}	Q_1^{n+1}	Q_0^{n+1}	Y	CP_2	CP_1	CP_0
0	0	0	0	0	1	0	↓	↑	↓
0	0	1	0	1	0	0	↓	↓	↓
0	1	0	0	1	1	0	↓	↑	↓
0	1	1	1	0	0	0	↓	↓	↓
1	0	0	0	0	0	1	↓	0	↓

（3）根据表 5 - 2 所示画出时序图，如图 5 - 6 所示，画时序图时，必须画出一个计数周期的波形。画出状态图，如图 5 - 7 所示，由此可知，当计数至第 5 个计数脉冲CP时，电路状态进入循环，Y 输出进位脉冲下降沿。

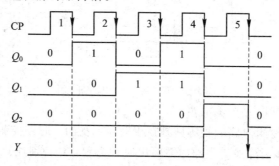

图 5 - 6　例 5 - 2 时序图

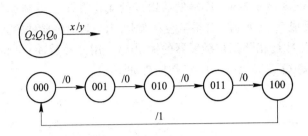

图 5 - 7　例 5 - 2 状态图

（4）功能描述：电路构成异步五进制计数器，并由 Y 输出进位脉冲信号的下降沿。

异步时序电路的分析方法与同步时序电路的分析方法有所不同。由于异步时序电路中各触发器没有统一的时钟，各触发器的状态转换并不是同时发生的，触发器只有在它所要求的时钟脉冲触发沿到来时才可能翻转，才需要计算触发器的次态，否则触发器件保持原状态不变，所以在分析异步时序电路时，必须写出各触发器的时钟方程，写状态方程时必须加上有效时钟条件。由此可知，分析异步时序电路要比分析同步时序电路复杂。

5.3　计　数　器

在数字系统中，经常需要对脉冲的个数进行计数，能实现计数功能的电路称为计数器。计数器类型较多，它们都是由具有记忆功能的触发器作为基本计数单元组成，触发器的连接方式不一样，就构成了各种不同类型的计数器。

5.3.1　计数器分类

按计数器的进位制不同分类，可分为二进制、十进制和 N 进制计数器；按计数增减趋势，可分为加计数器、减计数器和可加可减的可逆计数器，一般所说的计数器均指加计数器；按计数器中各触发器的翻转是否同步，可分为同步计数器和异步计数器；按内部器件，可分为 TTL 和 CMOS 计数器等。

计数器

5.3.2　二进制计数器

由于二进制只有 0 和 1 两种数码，而双稳态触发器又具有 0 和 1 两种状态，所以用 n 个触发器可以表示 n 位二进制数，其逻辑电路即为 n 位二进制计数器。

T' 触发器是翻转触发器，即输入一个 CP 脉冲，触发器的状态就翻转一次。如果 T' 触发器初始状态为 0，则在逐个输入 CP 脉冲时，其输出状态就会由 0→1→0→1 不断变化。这样一个触发器就能表示一位二进制数的两种状态，两个触发器就能表示 2 位二进制数的4 种状态，n 个触发器就能表示 n 位二进制数的 2^n 种状态，即能计数 2^n 个数。此时称触发器工作在计数状态，即由触发器输出状态的变化可以确定 CP 脉冲的个数。

1. 异步二进制计数器

异步计数器中各触发器的状态转换与时钟脉冲是异步工作的，即当脉冲到来时，各触发器的状态不是同时翻转，而是从低位到高位依次改变状态，因此，异步计数器又称串行进位计数器。如图 5-8 所示为由 JK 触发器组成的 4 位异步二进制加法计数器的逻辑图。图中 JK 触发器均接成 T′触发器，其最低位触发器 FF$_0$ 的时钟脉冲输入端接计数脉冲 CP，其他触发器的时钟脉冲接相邻低位触发器的输出 Q_0。用计数脉冲 CP 的下降沿触发，设计数器的初始状态为 $Q_3Q_2Q_1Q_0$＝0000，工作原理如下：

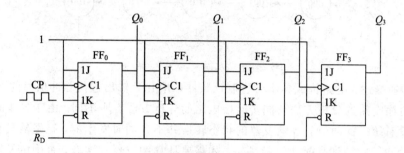

图 5-8 4 位异步二进制加法计数器的逻辑图

当一个脉冲计数脉冲 CP 下降沿到来时，触发器 FF$_0$ 的状态翻转一次；当 Q_0 由 1 变为 0 时，即输入一个下降沿给 FF$_1$ 的时钟脉冲，触发器 FF$_1$ 状态翻转一次；当 Q_1 由 1 变为 0 时，即输入一个下降沿给 FF$_2$ 的时钟脉冲，触发器 FF$_2$ 状态翻转一次；当 Q_2 由 1 变为 0 时，即输入一个下降沿给 FF$_3$ 的时钟脉冲，触发器 FF$_3$ 状态翻转一次。

可见逐个输入 CP 脉冲时，计数器的状态按 $Q_3Q_2Q_1Q_0$＝0000→0001→0010→0011→0100→0101→0110→0111→1000→1001→1010→1011→1100→1101→1110→1111 的规律变化。当输入第 16 个 CP 脉冲时，计数状态由 1111→0000，完成一个计数周期。

4 位异步二进制加法计数器的状态表如表 5-3 所示。

表 5-3 4 位异步二进制加法计数器的状态表

计数顺序	计数状态					计数顺序	计数状态				
CP	Q_3	Q_2	Q_1	Q_0	等效十进制数	CP	Q_3	Q_2	Q_1	Q_0	等效十进制数
0	0	0	0	0	0	9	1	0	0	1	9
1	0	0	0	1	1	10	1	0	1	0	10
2	0	0	1	0	2	11	1	0	1	1	11
3	0	0	1	1	3	12	1	1	0	0	12
4	0	1	0	0	4	13	1	1	0	1	13
5	0	1	0	1	5	14	1	1	1	0	14
6	0	1	1	0	6	15	1	1	1	1	15
7	0	1	1	1	7	16	0	0	0	0	0
8	1	0	0	0	8						

4 位异步二进制加法计数器的状态图如图 5-9 所示，其时序图如图 5-10 所示。

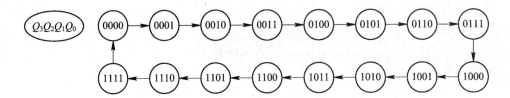

图 5-9　4 位异步二进制加法计数器状态转换图

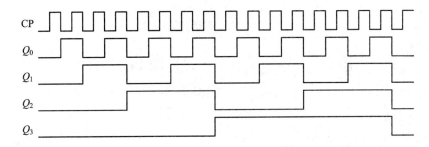

图 5-10　4 位异步二进制加法计数器时序图

由以上分析可知，如果 CP 脉冲的频率为 f，那么 Q_0 的频率为 $f/2$，Q_1 的频率为 $f/4$，Q_2 的频率为 $f/8$，Q_3 的频率为 $f/16$，所以计数器具有分频作用又称为分频器。由上图 5-8 可见，JK 触发器输入端均为 1，实现的是 T' 触发器的功能，推广到 n 位二进制异步加法计数器，如选用下降沿触发的 T' 触发器，第 i 位的触发器时钟方程一般表达式为 $CP_i = Q_{i-1}$；如果选用上升沿触发的 T' 触发器，第 i 位的触发器时钟方程一般表达式为 $CP_i = \overline{Q_{i-1}}$。

2. 同步二进制计数器

异步计数器中各触发器之间是串行进位的，它的进位（或借位）信号是逐级传递的，因而使计数速度受到限制，工作频率较低。而同步计数器中各触发器同时受到时钟脉冲的触发，各个触发器的翻转与时钟同步，工作速度较快，工作频率较高，因此，同步计数器又称并行进位计数器。

同步二进制
加法计数器

如图 5-11 所示为由 4 个下降沿触发的 JK 触发器构成的 4 位同步二进制加法计数器电路，图中 4 个 JK 触发器采用同一计数脉冲 CP。

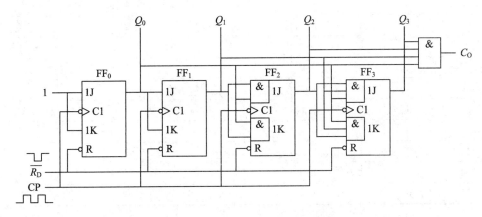

图 5-11　4 位同步二进制加法计数器

写出该电路的方程组如下：

输出方程：

$$C_O = Q_3^n Q_2^n Q_1^n Q_0^n$$

驱动方程：

$$J_0 = K_0 = 1$$
$$J_1 = K_1 = Q_0^n$$
$$J_2 = K_2 = Q_1^n Q_0^n$$
$$J_3 = K_3 = Q_2^n Q_1^n Q_0^n$$

状态方程

$$Q_0^{n+1} = J_0 \overline{Q_0^n} + \overline{K_0} Q_0^n = 1 \cdot \overline{Q_0^n} + \overline{1} \cdot Q_0^n = \overline{Q_0^n}$$

$$Q_1^{n+1} = J_1 \overline{Q_1^n} + \overline{K_1} Q_1^n = Q_0^n \overline{Q_1^n} + \overline{Q_0^n} Q_1^n = Q_0^n \oplus Q_1^n$$

$$Q_2^{n+1} = J_2 \overline{Q_2^n} + \overline{K_2} Q_2^n = Q_1^n Q_0^n \overline{Q_2^n} + (\overline{Q_1^n Q_0^n}) Q_2^n = (Q_1^n Q_0^n) \oplus Q_2^n$$

$$Q_3^{n+1} = J_3 \overline{Q_3^n} + \overline{K_3} Q_3^{n} = Q_2^n Q_1^n Q_0^n \overline{Q_3^n} + (\overline{Q_2^n Q_1^n Q_0^n}) Q_3^n = (Q_2^n Q_1^n Q_0^n) \oplus Q_3^n$$

设初始状态为 $Q_3^n Q_2^n Q_1^n Q_0^n = 0000$，依次求出 $Q_3^{n+1} Q_2^{n+1} Q_1^{n+1} Q_0^{n+1}$ 和输出 C_O。表 5-4 是 4 位同步二进制加法计数器的状态表。由表可见，当来一个时钟脉冲 CP 时，Q_0 就翻转一次，Q_1 在其低位 Q_0 输出为 1 时，来一个时钟就翻转一次，否则状态不变；Q_2 在其低位 Q_0 和 Q_1 均为 1 时，来一个时钟翻转一次，否则状态不变；Q_3 在其低位 Q_0、Q_1 和 Q_2 均为 1 时，来一个时钟翻转一次，否则状态不变。

表 5-4 4 位同步二进制加法计数器的状态表

计数顺序 CP	现 态				次 态				输出
	Q_3^n	Q_2^n	Q_1^n	Q_0^n	Q_3^{n+1}	Q_2^{n+1}	Q_1^{n+1}	Q_0^{n+1}	C_O
0	0	0	0	0	0	0	0	1	0
1	0	0	0	1	0	0	1	0	0
2	0	0	1	0	0	0	1	1	0
3	0	0	1	1	0	1	0	0	0
4	0	1	0	0	0	1	0	1	0
5	0	1	0	1	0	1	1	0	0
6	0	1	1	0	0	1	1	1	0
7	0	1	1	1	1	0	0	0	0
8	1	0	0	0	1	0	0	1	0
9	1	0	0	1	1	0	1	0	0
10	1	0	1	0	1	0	1	1	0
11	1	0	1	1	1	1	0	0	0
12	1	1	0	0	1	1	0	1	0
13	1	1	0	1	1	1	1	0	0
14	1	1	1	0	1	1	1	1	0
15	1	1	1	1	0	0	0	0	1

4 位同步二进制加法计数器的状态图如图 5 - 12 所示。

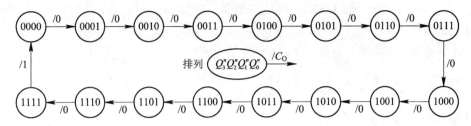

图 5 - 12 4 位同步二进制加法计数器的状态图

4 位同步二进制加法计数器的时序图如图 5 - 13 所示,由图可见,每个相邻触发器输出信号的频率彼此相差 2 倍,具有"二分频"特点,故也常用作分频电路的分频器使用。

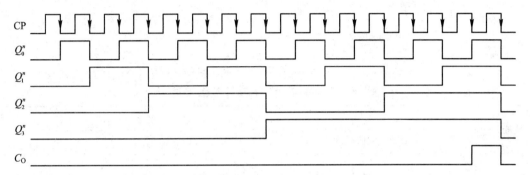

图 5 - 13 4 位同步二进制加法计数器的时序图

推广到 n 位同步二进制加法计数器:

驱动方程

$$\begin{cases} J_0 = K_0 = 1 \\ J_1 = K_1 = Q_0^n \\ J_2 = K_2 = Q_1^n Q_0^n \\ \vdots \\ J_{n-1} = K_{n-1} = Q_{n-2}^n Q_{n-3}^n \cdots Q_1^n Q_0^n \end{cases}$$

输出方程:$C_O = Q_{n-1}^n Q_{n-2}^n \cdots Q_1^n Q_0^n$

3. 集成二进制计数器芯片介绍

集成计数器功能完善、使用方便灵活。功能表是其正确使用的依据,利用中规模集成计数器可以很方便地构成 N 进制(任意进制)计数器。其主要方法为:

集成同步二进制计数器

(1)用同步清零端或置数端获得 N 进制计数器。这时应根据 S_{N-1} 对应的二进制代码写反馈函数。

(2)用异步清零端或置数端获得 N 进制计数器。这时应根据 S_N 对应的二进制代码写反馈函数。

(3)当需要扩大计数器容量时,可将多片集成计数器进行级联。

1)集成 4 位二进制同步加法计数器

集成二进制计数器芯片有许多品种。74LS161 是 4 位同步二进制加法计数器,其引脚排列如图 5 - 14(a)所示，图 5 - 14(b)是逻辑功能示意图，$\overline{C_R}$ 是清零端，$\overline{LD}$ 是预置端，D_0、D_1、D_2、D_3 是并行输入端，CT_P、CT_T 是使能端（工作状态控制端），CP 是触发脉冲，Q_0、Q_1、Q_2、Q_3 是输出端，C_O 为进位输出端。其功能表如表 5 - 5 所示，可见，74LS161 具有上升沿触发、异步清零、并行送数、计数、保持等功能。

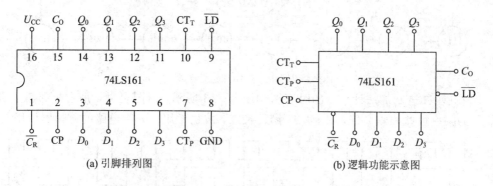

(a) 引脚排列图   (b) 逻辑功能示意图

图 5 - 14   74LS161 引脚排列图和逻辑功能示意图

表 5 - 5   74LS161 集成计数器功能表

功能	输 入									输 出				
	$\overline{C_R}$	$\overline{LD}$	CT_P	CT_T	CP	D_0	D_1	D_2	D_3	Q_0	Q_1	Q_2	Q_3	C_O
异步清零	0	×	×	×	×	×	×	×	×	0	0	0	0	0
保持	1	1	0	×	×	×	×	×	×	Q_0	Q_1	Q_2	Q_3	$C_O = CT_T \cdot Q_3 Q_2 Q_1 Q_0$
	1	1	×	0										0
同步置数	1	0	×	×	↑	d_0	d_1	d_2	d_3	d_0	d_1	d_2	d_3	$C_O = CT_T \cdot Q_3 Q_2 Q_1 Q_0$
计数	1	1	1	1	↑	×	×	×	×	4 位二进制加法计数				$C_O = Q_3 Q_2 Q_1 Q_0$

由表 5 - 5 可以看出，74LS161 功能如下：

(1) 异步清零功能。当 $\overline{C_R} = 0$ 时，不管输入信号为何状态，计数器输出清零。

(2) 同步并行置数功能。当 $\overline{C_R} = 1$、$\overline{LD} = 0$ 时，在 CP 上升沿到来时，不管其他输入信号为何状态，电路的次态都为数据输入信号 $d_0 d_1 d_2 d_3$，即完成了并行置数功能，如果没有 CP 上升沿到来时，尽管 $\overline{LD} = 0$ 也不能使预置数进入计数器。

(3) 同步二进制加法计数功能。当 $\overline{C_R} = \overline{LD} = 1$ 时，若 $CT_P = CT_T = 1$ 时，则计数器对 CP 信号按照自然二进制编码方式循环计数。当计数状态达到 1111 时，$C_O = 1$，产生进位信号。

(4) 保持功能。当 $\overline{C_R} = \overline{LD} = 1$ 时，若 $CT_P \cdot CT_T = 0$ 时，则计数器状态保持不变。注意，当 $CT_P = 0$，$CT_T = 1$ 时，$C_O = CT_T \cdot Q_3 Q_2 Q_1 Q_1 = 1 \cdot Q_3 Q_2 Q_1 Q_0 = Q_3 Q_2 Q_1 Q_0$；当 $CT_T = 0$ 时，不管 CT_P 状态如何，进位输出 $C_O = 0$。

74LS161 时序图如图 5 - 15 所示，从时序图能直观地看出 $\overline{C_R}$，$\overline{LD}$，CT_P，CT_T 均为低

电平有效，且控制级别均高于 CP 脉冲，其中，$\overline{C_R}$ 级别最高，其余依次为 $\overline{LD}$、CT_T、CT_P，当第 16 个 CP 脉冲上升沿到来时，进位信号 C_O 产生一个下降沿，表示一个进位信号。

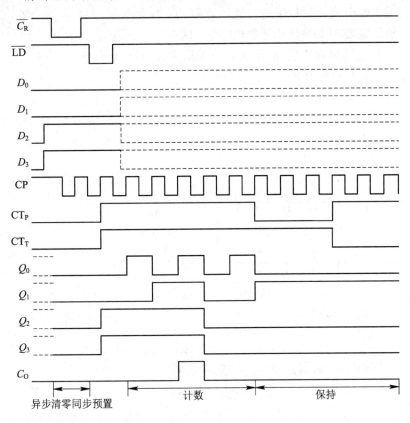

图 5-15　74LS161 时序图

74LS163 是 4 位同步二进制计数器，其引脚排列和 74LS161 完全相同，其功能表如表 5-6 所示，74LS163 和 74LS161 除了清零端不同外，其他逻辑功能及计数工作原理都完全相同，74LS163 采用同步清零方式，即 $\overline{C_R}=0$，且 CP 上升沿到来时计数器才清零。

表 5-6　74LS163 集成计数器功能表

功能	输　　入									输　　出				
	$\overline{C_R}$	$\overline{LD}$	CT_P	CT_T	CP	D_0	D_1	D_2	D_3	Q_0	Q_1	Q_2	Q_3	C_O
同步清零	0	×	×	×	↑	×	×	×	×	0	0	0	0	0
保持	1	1	0	×	×	×	×	×	×	Q_0	Q_1	Q_2	Q_3	$C_O=CT_T \cdot Q_3 Q_2 Q_1 Q_0$
	1	1	×	0										0
同步置数	1	0	×	×	↑	d_0	d_1	d_2	d_3	d_0	d_1	d_2	d_3	$C_O=CT_T \cdot Q_3 Q_2 Q_1 Q_0$
计数	1	1	1	1	↑	×	×	×	×	4 位二进制加法计数				$C_O=Q_3 Q_2 Q_1 Q_0$

2) 集成 4 位二进制同步可逆计数器

74LS191 是单时钟集成 4 位同步二进制可逆计数器，如图 5-16
所示为 74LS191 的引脚功能和逻辑功能示意图。$\overline{U}/D$ 是加减计数
控制端，$\overline{CT}$ 是使能端，$\overline{LD}$ 是异步置数控制端，$D_0 \sim D_3$ 是并行数据
输入端，$Q_0 \sim Q_3$ 是计数状态输出端，CO/BO 是进位/借位信号输
出端，$\overline{RC}$ 是多个芯片级联时级间串行计数使能端。

集成二进制可逆计数器

如表 5-7 所示是 74LS191 功能表，由表可知，集成可逆计数器 74LS191 具有同步可
逆计数功能、异步并行置数和保持功能。虽然没有专门的清零功能，但是可以借助
$D_0 D_1 D_2 D_3$ 异步置入数据 0000 间接实现清零功能。

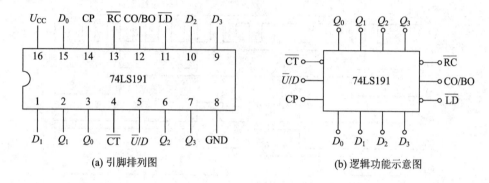

(a) 引脚排列图　　　　　　　　(b) 逻辑功能示意图

图 5-16　74LS191 引脚排列图和逻辑功能示意图

$\overline{RC}$ 用于多个可逆计数器的级联，其表达式为

$$\overline{RC} = \overline{\overline{CP} \cdot CO/BO \cdot CT}$$

当 $\overline{CT}=0$，CO/BO$=1$ 时，$\overline{RC}=CP$，由 $\overline{RC}$ 端产生的输出进位脉冲的波形与输入计数
脉冲的波形相同。

表 5-7　74LS191 功能表

输　　入				输　　　出				
$\overline{LD}$	$\overline{CT}$	$\overline{U}/D$	CP	Q_0^{n+1}	Q_1^{n+1}	Q_2^{n+1}	Q_3^{n+1}	CO/BO
0	$\times$	$\times$	$\times$	$D_0 D_1 D_2 D_3$（异步置数）				
1	0	0	↑	加法计数				CO/BO$=Q_3^n Q_2^n Q_1^n Q_0^n$
1	0	1	↑	减法计数				CO/BO$=\overline{Q_3^n Q_2^n Q_1^n Q_0^n}$
1	1	$\times$	$\times$	保持				

74LS193 是双时钟集成 4 位二进制可逆计数器，图 5-17 (a) 是 74LS193 引脚排列图，
图 5-17(b) 是逻辑功能示意图，CR 是异步清零端，高电平有效，CP_U 是加法计数脉冲输
入端，CP_D 是减法计数脉冲输入端，$\overline{CO}$ 是进位脉冲输出端，$\overline{BO}$ 是借位脉冲输出端，
$D_0 \sim D_3$ 是并行数据输入端，$Q_0 \sim Q_3$ 是计数器状态输出端。功能表如表 5-8 所示。

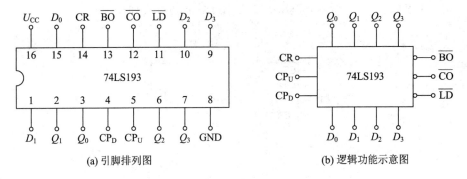

(a) 引脚排列图　　　　　　　　(b) 逻辑功能示意图

图 5 - 17　74LS193 引脚排列图和逻辑功能示意图

表 5 - 8　74LS193 功能表

输　　　入				输　　　出				
CR	$\overline{\text{LD}}$	CP_U	CP_D	Q_0^{n+1}	Q_1^{n+1}	Q_2^{n+1}	Q_3^{n+1}	$\overline{\text{CO}}/\overline{\text{BO}}$
1	×	×	×	0000 （异步清零）				
0	0	×	×	$D_0 D_1 D_2 D_3$ （异步置数）				
0	1	↑	1	加法计数				$\overline{\text{CO}}=Q_3^n Q_2^n Q_1^n Q_0^n$
0	1	1	↑	减法计数				$\overline{\text{BO}}=\overline{Q_3^n}\,\overline{Q_2^n}\,\overline{Q_1^n}\,\overline{Q_0^n}$
0	1	1	1	保持				$\overline{\text{CO}}=\overline{\text{BO}}=1$

5.3.3　十进制计数器

　　十进制计数器的每一位计数单元需要有 10 个稳定的状态，分别用 0～9 十个数码表示。直接找到一个具有 10 个稳定状态的器件是非常困难的，目前广泛采用的方法是用若干个最简单的具有两个稳态的触发器组合成 1 位十进制计数器。如果用 M 表示计数器的模数，n 表示组成计数器的触发器的个数，那么应有 $2^n \geq M$ 的关系。对于十进制计数器而言，$M=10$，则 n 至少为 4，即由 4 个触发器可组成 1 位十进制计数器。

　　4 个触发器可组成 4 位二进制计数器，有 16 个状态，用其组成十进制计数器只需 10 个状态来分别对应 0～9 十个数码，而需剔除其余的 6 个状态。这种表示 1 位十进制数的一组 4 位二进制数码，称为二-十进制代码或 BCD 码，所以十进制计数器也常称为二-十进制计数器。常见的 BCD 码有 8421 码、2421 码、5421 码等，常用的集成十进制计数器多数使用 8421 码。

十进制计数器

1. 十进制同步计数器

　　74LS160 是集成十进制同步加法计数器，它的引脚排列与 74LS161 相同，采用异步清零方式。74LS162 也是集成十进制同步加法计数器，它的引脚排列图与 74LS163 相同，采用的是同步清零方式。74LS160 和 74LS162 逻辑功能示意图如图 5 - 18 所示。74LS160 集成计数器功能表如表 5-9 所示，74LS162 集成计数器功能表如表 5-10 所示。

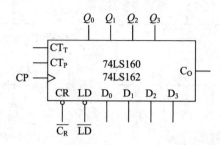

图 5-18 74LS160 和 74LS162 逻辑功能示意图

表 5-9 74LS160 集成计数器功能表

输 入									输 出				
$\overline{C_R}$	$\overline{LD}$	CT_P	CT_T	CP	D_0	D_1	D_2	D_3	Q_0	Q_1	Q_2	Q_3	C_O
0	×	×	×	×	×	×	×	×	0	0	0	0	异步置零
1	0	×	×	↑	d_0	d_1	d_2	d_3	d_0	d_1	d_2	d_3	$C_O = CT_T \cdot Q_3 Q_0$
1	1	1	1	↑	×	×	×	×	计数				$C_O = Q_3 Q_0$
1	1	0	×	×	×	×	×	×	保持				$C_O = CT_T \cdot Q_3 Q_0$
1	1	×	0										$C_O = 0$

表 5-10 74LS162 集成计数器功能表

输 入									输 出				
$\overline{C_R}$	$\overline{LD}$	CT_P	CT_T	CP	D_0	D_1	D_2	D_3	Q_0	Q_1	Q_2	Q_3	C_O
0	×	×	×	↑	×	×	×	×	0	0	0	0	同步置零
1	0	×	×	↑	d_0	d_1	d_2	d_3	d_0	d_1	d_2	d_3	$C_O = CT_T \cdot Q_3 Q_0$
1	1	1	1	↑	×	×	×	×	计数				$C_O = Q_3 Q_0$
1	1	0	×	×	×	×	×	×	保持				$C_O = CT_T \cdot Q_3 Q_0$
1	1	×	0										$C_O = 0$

总结二进制和十进制计数器功能比较如表 5-11 所示。

表 5-11 74LS160～74LS163 集成计数器功能比较

	计数方式	进制	清零方式	置数方式	引脚图	功能示意图
74LS160	同步加法	十进制	异步	同步	相同	相同
74LS161		二进制				
74LS162		十进制	同步			
74LS163		二进制				

74LS190 是单时钟集成十进制可逆计数器，引脚排列与 74LS191 相同；74LS192 是双

时钟集成十进制可逆计数器,其引脚排列与 74LS193 相同。十进制和二进制可逆计数器功能比较如表 5-12 所示。

表 5-12　74LS190～74LS193 集成可逆计数器功能比较

	计数方式	进制	时钟方式	清零方式	置数方式	引脚图	功能示意图
74LS190	同步可逆	十进制	单时钟	置数法	异步	相同	相同
74LS191		二进制					
74LS192		十进制	双时钟	异步			
74LS193		二进制					

2. 十进制异步计数器

74LS90 是一种典型的集成异步计数器,可实现二-五-十进制计数。74LS90 引脚排列图和逻辑功能示意图如图 5-19 所示。

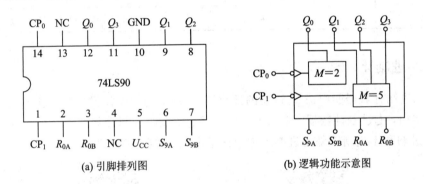

(a) 引脚排列图　　　　　　　　(b) 逻辑功能示意图

图 5-19　74LS90 引脚排列图和逻辑功能示意图

74LS90 内部含有两个独立的计数电路:一个是模 2 计数器(CP$_0$ 为其时钟,Q_0 为其输出端),另一个是模 5 计数器(CP$_1$ 为其时钟,$Q_3 Q_2 Q_1$ 为其输出端)。

表 5-13 为 74LS90 功能表,由表可知 74LS90 具有下列功能:

(1) 异步清零。功能当 $S_{9A} \cdot S_{9B} = 0$ 时,如果 $R_{0A} \cdot R_{0B} = 1$,则计数器清零,与输入脉冲无关,为异步清零方式。

(2) 异步置 9 功能。当 $S_{9A} \cdot S_{9B} = 1$ 时,计数器置 9,与 CP 信号无关,且异步置 9 的优先级高于异步清零。

(3) 异步计数功能。当 $S_{9A} \cdot S_{9B} = 0$ 时,并且 $R_{0A} \cdot R_{0B} = 0$,计数器异步计数,有 4 种计数方式。

① 如果 CP 加在 CP$_0$ 端,而 CP$_1$ 接低电平,则构成 1 位二进制计数器,Q_0 为输出端,$Q_3 Q_2 Q_1$ 无输出,也称为二分频,即 Q_0 的频率是 CP 频率的 1/2。

② 如果 CP 加在 CP$_1$ 端,而 CP$_0$ 接低电平,则构成异步五进制计数器,也称为五分频电路,$Q_3 Q_2 Q_1$ 为输出端,Q_0 无输出。

③ 如果 CP 加在 CP$_0$ 端,而且 CP$_1$ 接 Q_0,则电路按 8421BCD 码方式进行异步加法计数。

④ 如果 CP 加在 CP$_1$ 端,而且 CP$_0$ 接 Q_3,则电路按 5421BCD 码方式进行十进制异步

加法计数。

可见，74LS90 在"计数状态"或"清零状态"时，均要求 S_{9A} 和 S_{9B} 中至少有一个必须为"0"。

表 5-13　74LS90 功能表

输　　入						输　　出			
R_{0A}	R_{0B}	S_{9A}	S_{9B}	CP_0	CP_1	Q_3^{n+1}	Q_2^{n+1}	Q_1^{n+1}	Q_0^{n+1}
1	1	0	×	×	×	0	0	0	0(清零)
1	1	×	0	×	×	0	0	0	0(清零)
×	×	1	1	×	×	1	0	0	1(置9)
×	0	×	0	↓	0	二进制计数			
×	0	0	×	0	↓	五进制计数			
0	×	×	0	↓	Q_0	8421 码 BCD 十进制计数			
0	×	0	×	Q_3	↓	5421 码 BCD 十进制计数			

5.3.4　N 进制计数器

n 位二进制计数器能组成 2^n 进制的计数器，但实际应用中，需要的往往不是 2^n 进制的计数器，例如，七进制计数器、十二进制计数器、二十四进制计数器、六十进制计数器等，一般将二进制和十进制以外的进制统称为任意进制，或称为 N 进制。

N 进制计数器(1)

N 进制计数器(2)

N 进制计数器通常利用集成计数器构成。集成计数器一般都设置有清零和置数输入端，N 进制计数器就是利用清零或置数端，让电路跳过某些状态而获得。无论清零还是置数都有同步和异步之分，同步方式是 CP 触发沿到来时才能完成清零或置数功能，异步方式则是通过触发器的异步输入端来实现清零或置数功能，与 CP 信号无关。

目前大量生产和销售的集成计数器芯片是 4 位二进制计数器和十进制计数器，当需要用其他任意进制计数器时，只要将这些计数器通过反馈线进行不同的连接就可实现。用这种方法构成的 N 进制计数器电路结构非常简单，因此在实际应用中被广泛采用。

1. 反馈清零法

反馈清零法是指在计数过程中，将某个中间状态反馈到清零端，强行使计数器返回到0，再重新开始计数，可构成比原集成计数器模小的任意进制计数器。反馈清零法适用于有清零输入的集成计数器，可分为异步清零和同步清零两种方法。

1）异步清零法

在异步清零端有效时，不受时钟脉冲及任何信号影响，直接使计数器清零，因而可采用瞬时过渡状态作为清零信号。假设已有计数器的模为 M 的计数器,异步清零端为 $\overline{CR}$,获得任意进制(模为 N)的计数器,其原理是已有计数器从初始状态 S_0(通常是触发器全为 0 的状态)开始计数,当接收到 N 个计数脉冲后,进入状态 S_N。如果这时利用 S_N 的二进制代码通过组合电路产生异步清零信号,并反馈到已有计数器的 $\overline{CR}$ 端,于是电路仅在 S_N 状态短暂停留后就立即复位到 S_0 状态,这样就跳越了 $M-N$ 个状态而获得 N 进制计数器。

例 5 - 3 用 74LS161 构成十一进制计数器。

解 由题意知,$N=11$,而 74LS161 计数过程中有 16 个状态,多了 5 个状态,此时只需要设法跳过 5 个状态即可。

如图 5 - 20 所示用 74LS161 构成的十一进制计数器可知,74LS161 从 0000 状态开始计数,当输入第 11 个脉冲 CP(上升沿)时,输出为 1011,通过与非门译码后,反馈给异步清零端 $\overline{CR}$ 端一个清零信号,即使 $Q_3Q_2Q_1Q_0 = 0000$。接着 $\overline{CR}$ 端清零信号随之消失,74LS161 从 0000 状态开始新的计数周期。需要注意的是此电路一进入 1011 状态后,就会立即被置成 0000 状态,即 1011 状态仅在极短的瞬间出现,因此称为过渡状态,其状态图如图 5 - 21 所示。

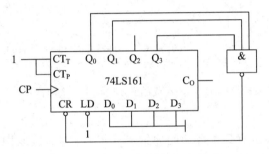

图 5 - 20 用 74LS161 构成的十一进制计数器

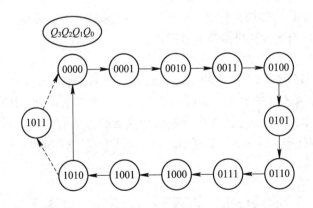

图 5 - 21 用 74LS161 构成的十一进制计数器状态图

2) 同步清零法

同步清零法必须在清零信号有效时,再来一个 CP 时钟脉冲触发沿,才能使触发器清零。例如,用 74LS163 构成的同步清零十一进制计数器如图 5 - 22 所示。该计数器的反馈清零信号为 1010,与电路图中反馈清零信号 1011 不同,其状态图如图 5 - 23 所示。

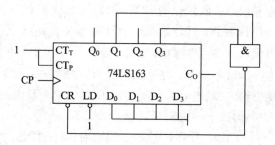

图 5 - 22　用 74LS163 构成的同步清零十一进制计数器

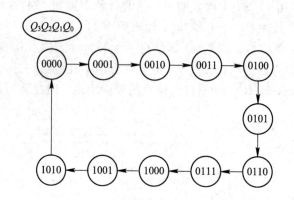

图 5 - 23　用 74LS163 构成的同步清零十一进制计数器状态图

2. 反馈置数法

反馈置数法适用于具有预置数功能的集成计数器。对于具有同步置数功能的计数器，则与同步清零法类似，即同步置数输入端获得置数有效信号后，计数器不能立刻置数，而是在下一个 CP 脉冲作用后，计数器才会被置数。

对于具有异步置数功能的计数器，只要满足置数信号（不需要脉冲 CP 作用），就可立即置数，因此异步反馈置数法仍需瞬时过渡状态作为置数信号。

例 5 - 4　试用 74LS161 同步置数功能构成十进制计数器。

解　由于 74LS161 的同步置数控制端获得低电平置数信号时，并行输入数据输入端 $D_0 \sim D_3$ 输入的数据并不能被置入计数器，还需再来一个计数脉冲 CP 后，$D_0 \sim D_3$ 端输入的数据才被置入计数器，因此，其构成十进制计数器的方法与同步清零法基本相同。写出 $S_{N-1} = S_0$ 的二进制代码，$S_9 = 1001$。画出其逻辑图如图 5 - 24 所示。

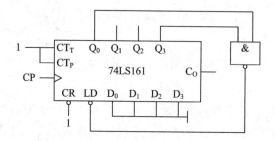

图 5 - 24　74LS161 同步置数功能构成的十进制计数器的逻辑图

例 5-5　试用 74LS161 的同步置数功能构成一个十进制计数器，其状态在 0110～1111 间循环。

解　由于计数器的计数起始状态 $Q_3Q_2Q_1Q_0=0110$，因此，并行数据输入端应接入计数起始数据，即取 $D_3D_2D_1D_0=0110$。当输入第 9 个计数脉冲 CP 时，计数器的输出状态为 $Q_3Q_2Q_1Q_0=1111$，这时，进位信号（$C_O=1$）通过反相器将输出低电平 0 加到同步置数控制端。当输入第 10 个计数脉冲时，计数器便回到初始的预置状态，即 $Q_3Q_2Q_1Q_0=0110$，从而实现了十进制计数，利用进位输出端 C_O 构成了十进制计数器如图 5-25 所示。

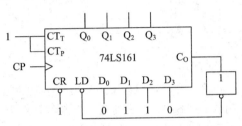

图 5-25　利用进位输出端构成的十进制计数器

具体说明如下：

（1）例 5-4 是利用 4 为自然二进制数的前 10 个状态 0000～1001 来实现十进制计数的，例 5-5 是利用 4 为自然二进制数的后 10 个状态 0110～1111 来实现十进制计数的。这时，从 74LS161 的进位输出端 C_O 取得反馈置数信号较为简单。例 5-4 和例 5-5 也说明了利用同步置数功能构成十进制计数器的两种方法。

（2）同步置数与异步置数的区别。异步置数与时钟脉冲无关，只要异步置数端出现有效电平，置数输入端的数据就会立刻被置入计数器。因此，当利用异步置数功能够成 N 进制计数器时，应在输入第 N 个 CP 脉冲时，通过控制电路产生置数信号，使计数器立即置数。

同步置数与时钟脉冲有关，当同步置数端出现有效电平时，并不能立即置数，只是为置数创造了条件，需再输入一个 CP 脉冲才能进行置数。因此，当利用同步置数功能构成 N 进制计数器时，应在输入第 $(N-1)$ 个 CP 脉冲时，通过控制电路产生置数信号，这样，在输入第 N 个 CP 脉冲时，计数器才被置数。

（3）反馈清零法和反馈置数法的主要区别。反馈清零法将反馈控制信号加至清零端 $\overline{CR}$ 上，而反馈置数法则将反馈控制信号加至置数端 $\overline{LD}$ 上，且必须给置数输入端 $D_3\sim D_0$ 加上计数起始状态值。反馈清零法构成计算器的初值一般是 0，而反馈置数法的初值可以是 0，也可以不是 0。

3. 级联法

级联就是把两个以上的集成计数器连接在一起，从而获得任意进制的计数器。例如，可以把一个 N_1 进制计数器和一个 N_2 进制计数器串联起来构成 $N=N_1\times N_2$ 进制的计数器。

如图 5-26 所示为由两片 74LS160 级联成一百进制的同步加法计数器。由图可以看出，低位片 74LS160(1)在计到 9 以前，其进位输出 $C_O=0$，高位片 74LS160(2)的 $CT_T=0$，保持原状态不变。当低位片计到 9 时，其输出 C_O，即高位片的 $CT_T=1$，这时，高位片才能接收 CP 的计数脉冲。所以，当输入第 10 个计数脉冲时，低位片回到 0 状态，同时，使高位片加 1，实现一百进制计数器。

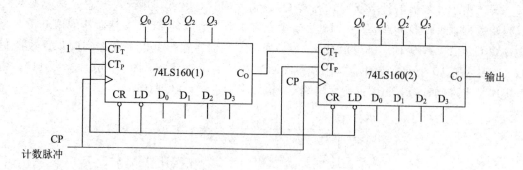

图 5-26　由两片 74LS160 级联成一百进制的同步加法计数器

如图 5-27 所示为由两片 74LS161 级联成五十进制的计数器。十进制数对应的二进制数为 00110010，当计数器计到 50 时，计数器的状态为 $Q_3' Q_2' Q_1' Q_0' Q_3 Q_2 Q_1 Q_0 = 00110010$，所以，当 74LS161(2) 计数到 0011、74LS161(1) 计数到 0010 时，通过与非门控制使两片同时清零。实现从 00000000 到 00110001 的五十进制计数。在此电路工作中，00110010 状态会瞬间出现，但不属于计数器的有效状态。

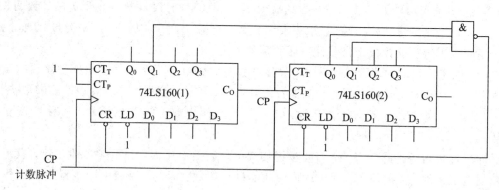

图 5-27　由两片 74LS161 级联成五十进制的计数器

5.4　寄　存　器

在数字系统中，常常需要将一些数码，运算结果或指令等暂时存放起来，在需要的时候再取出来进行处理或进行运算。这种能够用于存储少量的二进制代码或数据的逻辑部件，称为寄存器。因此，寄存器必须具有记忆单元——触发器，由于一个触发器有 0 和 1 两个稳定状态，故只能存放 1 位二进制数码，要存放 n 位数码必须有 n 个触发器。

寄存器输入或输出数码的方式有并行和串行两种。并行就是各位数码从寄存器各自对应的端子同时输入或输出；串行就是数码从寄存器对应的端子逐个输入或输出。寄存器总的输入/输出方式有 4 种：串入—串出、串入—并出、并入—串出和并入—并出。

常用的寄存器按功能可分为数码寄存器和移位寄存器两类。

寄存器

5.4.1 数码寄存器

数码寄存器具有存储二进制代码，并可输出所存二进制代码的功能。按接收数码的方式，可分为单拍式和双拍式。单拍式是指接收数据后直接把触发器置位相应的数据，不考虑初态；双拍式是指在接收数据之前，先用复"0"脉冲把所有的触发器置位"0"，第二拍把触发器置位接收的数据。

1. 单拍数码寄存器

数码寄存器只具有接收和清除原有数码的功能，其结构比较简单，数据输入、输出只能采用并行方式。在数字系统中，数码寄存器常用于暂时存放某些数据。

图 5-28 是一个由 D 触发器构成的 4 位单拍数码寄存器逻辑图，4 个触发器的触发输入端 $D_0 \sim D_3$ 作为寄存器的数码输入端，$Q_0 \sim Q_3$ 为数据输出端，时钟输入端接在一起作为脉冲(CP)控制端。这样，在 CP 的上升沿作用下，可以将 4 位数码寄存到 4 个触发器中，即 $Q_3^{n+1} Q_2^{n+1} Q_1^{n+1} Q_0^{n+1} = D_3 D_2 D_1 D_0$。

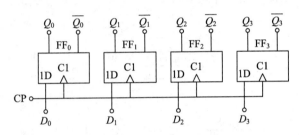

图 5-28　4 位单拍数码寄存器逻辑图

需要注意的是，由于触发器为边沿触发，故在送数脉冲 CP 的触发沿到来之前，输入的数码一定要预先准备好，以保证触发器的正常寄存。

2. 双拍数码寄存器

双拍数码寄存器工作方式是指接收数码时，先清零，再接收数码。图 5-29 所示为 4 位双拍数码寄存器逻辑图，它的核心部分是 4 个 D 触发器。其工作过程为：

(1) 清零：$\overline{R_D} = 0$，异步清零，即 $Q_3^n Q_2^n Q_1^n Q_0^n = D_3 D_2 D_1 D_0 = 0000$。

(2) 送数：$\overline{R_D} = 1$，CP 上升沿送数，即 $Q_3^{n+1} Q_2^{n+1} Q_1^{n+1} Q_0^{n+1} = D_3 D_2 D_1 D_0$。

(3) 保持：$\overline{R_D} = 1$，CP 上升沿以外时间，寄存器内容将保持不变。

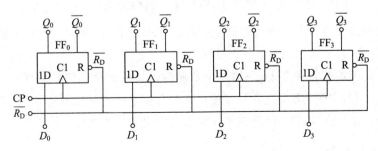

图 5-29　4 位双拍数码寄存器逻辑图

3. 集成数码寄存器

将构成寄存器的各个触发器以及有关控制逻辑门集成在同一个芯片上，就可以得到集成数码寄存器。集成数码寄存器种类较多，常见的有四 D 触发器(如 74HC175)、六 D 触发器(如 74HC174)、八 D 触发器(如 74HC374、74HC377)等。

由锁存器组成的寄存器，常见的有八 D 锁存器(如 74HC373)。锁存器与触发器的区别为锁存器的送数脉冲是一个使能信号，当使能信号到来时，输出会随输入数码变化而变化(相当于输入直接接到输出端)；当使能信号结束时，输出保持使能信号跳变的状态不变，因此由锁存器组成的寄存器有时也称为"透明"寄存器。

下面以 74HC373 为例说明集成数码寄存器的应用。

如图 5 - 30 所示为 74HC373 用于单片机数据总线中的多位数据选通电路，由器件手册可知，74HC373 当输出控制($\overline{\text{EN}}$)为高电平时，74HC373 输出成高阻态；当输出控制端 $\overline{\text{EN}}$ 为低电平且使能端 LE 为高电平时，输入数据便能传输到数据总线上；当输出控制端 $\overline{\text{EN}}$ 为低电平且使能端 LE 为低电平时，74HC373 便锁存在此前已建立的数据状态。

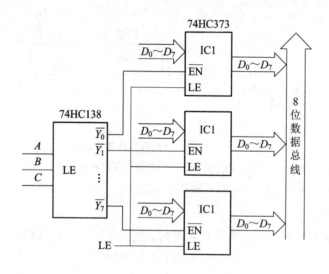

图 5 - 30　多位数据选通电路

在多位数据选通电路中，8 位数据总线($D_7 \sim D_0$)上挂接了 8 个 74HC373，它们的 LE 端并接在一起，而 $\overline{\text{EN}_1} \sim \overline{\text{EN}_8}$ 则接到了 3 线-8 线译码器输出端，给 LE 端一个正的窄脉冲，各组的数据会被分别写入各自的寄存器中。但是，如果 $\overline{\text{EN}}$ 端为高电平，所有输出端将均被强制为高阻态，数据不能送到 8 位数据总线上。

当译码器轮流给各寄存器的 $\overline{\text{EN}}$ 端一个负脉冲时，各寄存器的数据就按顺序传送到 8 位数据总线上，由 CPU 读取，这样只要使用 8 根数据总线就可以获得 $8n$(n 为寄存器的个数)个数据，大大简化了电路，因此在单片机系统中得到广泛的应用。

5.4.2　移位寄存器

移位寄存器除了具有接收、存储、输出数据功能以外，还具有移位功能。所谓移位功能是指由低位向相邻高位移动，或者由高位向相邻低位移动的功能，即数据向左移动或者向右移动。例如，将一个 4 位二进制数左移一位相当于该数进行乘以 2 的运算，右移一位相当于该数进行除以 2 的运算。根据数码在寄存器中移动情况的不同，移位寄存器又有单向和双向移位寄存器之分。从并行和串行的变换来看，又可分为串入/并出和并入/串出移位寄存器两大类。

1. 单向移位寄存器

单向移位寄存器是指每输入一个移位脉冲，寄存器中的数码可以向左或者向右移动 1 位，故单向移位寄存器分为右移移位寄存器和左移移位寄存器。下面重点以单向右移寄存器为例进行讨论。

1）单向右移寄存器

如图 5-31 所示电路是由 4 个上升沿触发的 D 触发器构成的可实现右移操作的 4 位移位寄存器的逻辑图。其中，每个触发器的输出端 Q 依次接到高一位触发器的输入端 D，只有第一个触发器 FF_0 的 D_i 接收数据。所有触发器的复位端并联在一起作为清零端，时钟端并联在一起作为移位脉冲输入端 CP，所以它属于同步时序电路。

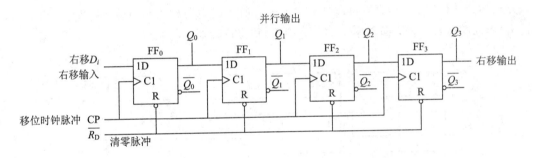

图 5-31　由 D 触发器构成的右移移位寄存器的逻辑图

每当移位脉冲上升沿到来时，输入数据便一个接一个依次移入 FF_0，同时每个触发器的状态也依次移给高一位触发器，这种输入方式称为串行输入。设输入的数据为 $D_i=1011$，先将移位寄存器的初始状态设置为 $Q_3Q_2Q_1Q_0=0000$，经过 4 个移位脉冲后，寄存器状态应为 $Q_3Q_2Q_1Q_0=1011$，所以，串行输入数码的顺序依次从高位到低位，即在 4 个移位脉冲 CP 的作用下依次送入 1、0、1、1。具体说明如下：

首先输入数码 1，这时 $D_i=D_0=1$，$D_1=Q_0=1$、$D_2=Q_1=0$、$D_3=Q_2=0$、$Q_3=0$，则在第一个 CP 上升沿的作用下，FF_0 的状态由 0 变为 1，第一个数码存入 FF_0 中，原来的状态 $Q_0=0$ 移入 FF_1 中，同时 FF_1、FF_2 和 FF_3 中的数码也都依次向右移了 1 位，这时寄存器的状态为 $Q_3Q_2Q_1Q_0=0001$；其次输入次高位数码 0，则在第二个 CP 上升沿的作用下，第二个数码存入 FF_0 中，这时，$Q_0=0$，FF_0 原来的状态 1 移入 FF_1 中，$Q_1=1$，同理 $Q_2=Q_3=0$，这时寄存器的状态 $Q_3Q_2Q_1Q_0=0010$。以此类推，在第三个 CP 上升沿的作用下，$Q_3Q_2Q_1Q_0=0101$；在第四个 CP 上升沿的作用下，$Q_3Q_2Q_1Q_0=1011$。

移位寄存器中数码的移动情况如表 5 - 14 所示。这时，可以从 4 个触发器的 Q 端同时输出数码 1011，这种输出方式称为并行输出。

表 5 - 14　单向右移移位寄存器状态表

CP	D_i	Q_0	Q_1	Q_2	Q_3
0	1	0	0	0	0
1	0	1	0	0	0
2	1	0	1	0	0
3	1	1	0	1	0
4		1	1	0	1
并行输出		1	1	0	1

若需要将寄存器的数据从 Q_3 端依次输出（即串行输出），则只需再输入 4 个移位脉冲即可，如图 5 - 32 所示。不难看出，当经过 4 个 CP 脉冲后，1011 这 4 位数码恰好全部移入寄存器中，$Q_3Q_2Q_1Q_0=1011$。这时，可以从 4 个触发器的 Q 端同时输出数据 1011，这种输入方式称为并行输出。因此，可以把如图 5 - 30 所示的电路称为串行输入/并行输出（串行输出）单向移位寄存器，简称串行/并出（串出）移位寄存器。

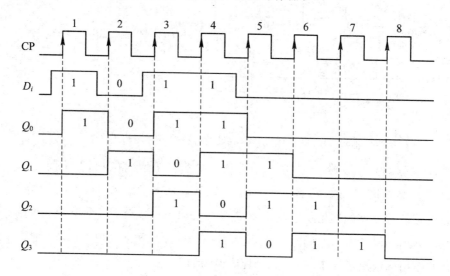

图 5 - 32　移位寄存器时序图

除用 D 触发器外，也可用 JK、RS 触发器构成寄存器，只需将 JK、RS 触发器转换为 D 触发器功能即可。但 T 触发器不能用来构成移位寄存器。

2）左移寄存器

图 5 - 33 是由 D 触发器构成的左移移位寄存器的逻辑图，设输入数据为 1101，则单向左移移位寄存器状态表如表 5 - 15 所示。

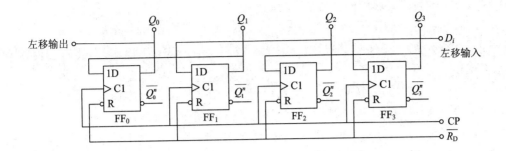

图 5－33　由 D 触发器构成的左移移位寄存器的逻辑图

表 5－15　单向左移移位寄存器状态表

CP	Q_0	Q_1	Q_2	Q_3	D_i
0	0	0	0	0	1
1	0	0	0	1	1
2	0	0	1	1	0
3	0	1	1	1	1
4	1	1	0	1	
并行输出	1	1	0	1	

2. 双向移位寄存器

在单向移位寄存器的基础上，适当增加由门电路组成的控制电路和控制信号，就可以构成既能左移又能右移的双向移位寄存器，故称为双向移位寄存器。

如图 5－34 所示为 4 位双向移位寄存器 74LS194 的逻辑符号和引脚排列图。图中 $\overline{CR}$ 为清零端，$D_0 \sim D_3$ 为并行数据输入端，$Q_0 \sim Q_3$ 为并行数据输出端，CP 移位脉冲输入端，D_{SL} 为左移串行数码输入端，D_{SR} 为右移串行数码输入端，M_0 和 M_1 为工作方式控制端。

集成双向移位寄存
器 74LS194 应用

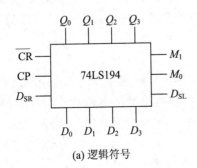

(a) 逻辑符号

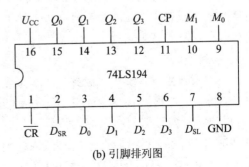

(b) 引脚排列图

图 5－34　74LS194 的逻辑符号和引脚排列图

由表 5-16 可知，74LS194 的主要功能如下：

（1）清零功能。当 $\overline{CR}=0$ 时，$Q_0 \sim Q_3$ 为 0 态，移位寄存器异步清零。

（2）保持功能。当 $\overline{CR}=1$、$M_1 M_0 = 00$ 时，或 $\overline{CR}=1$、$CP=0$ 时，移位寄存器保持原来状态不变。

（3）并行置数功能。当 $\overline{CR}=1$、$M_1 M_0 = 11$ 时，在 CP 上升沿作用下，数码 $D_0 \sim D_3$ 被并行送入寄存器，使 $Q_0^{n+1} Q_1^{n+1} Q_2^{n+1} Q_3^{n+1} = D_0 D_1 D_2 D_3$，即同步并行输入。

（4）右移串行输入功能。当 $\overline{CR}=1$、$M_1 M_0 = 01$ 时，在 CP 上升沿作用下，执行右移功能，D_{SR} 端输入的数码依次送入寄存器。

（5）左移串行输入功能。当 $\overline{CR}=1$、$M_1 M_0 = 10$ 时，在 CP 上升沿作用下，执行左移功能，D_{SL} 端输入的数码依次送入寄存器。

表 5-16　74LS194 的功能表

CP	$\overline{CR}$	M_1	M_0	D_{SR}	D_{SL}	D_0	D_1	D_2	D_3	Q_0^{n+1}	Q_1^{n+1}	Q_2^{n+1}	Q_3^{n+1}	功能说明
$\times$	0	$\times$	$\times$	$\times$	$\times$	$\times$	$\times$	$\times$	$\times$	0	0	0	0	异步清零
$\times$	1	0	0	$\times$	$\times$	$\times$	$\times$	$\times$	$\times$	Q_0^n	Q_1^n	Q_2^n	Q_3^n	保持
0	1	$\times$	$\times$	$\times$	$\times$	$\times$	$\times$	$\times$	$\times$	Q_0^n	Q_1^n	Q_2^n	Q_3^n	保持
$\uparrow$	1	1	1	$\times$	$\times$	D_0	D_1	D_2	D_3	D_0	D_1	D_2	D_3	并行输入
$\uparrow$	1	0	1	D_{SR}	$\times$	$\times$	$\times$	$\times$	$\times$	D_{SR}	Q_0^n	Q_1^n	Q_2^n	右移输入
$\uparrow$	1	1	0	$\times$	D_{SL}	$\times$	$\times$	$\times$	$\times$	Q_1^n	Q_2^n	Q_3^n	D_{SL}	左移输入

3. 移位寄存器的应用

1）实现数据运算与处理及传输方式的转换

移位寄存器是计算机及各种数字系统的一个重要部件，其应用范围很广泛。例如，在计算机的串行运算中，需用移位寄存器把二进制数逐位依次送入全加器进行运算，运算结果再逐位依次存入寄存器中；在单片机中，将多位数据左移 n 位，就相当于乘 2^n 运算。也可以在某些数字装置中，进行并行数据传送转换为串行传送，或者相反过程，还可以利用移位寄存器构成具有特色功能的计算器。

2）顺序脉冲发生器

在计算机及其控制系统中，常要求系统的某些操作按时间顺序分时工作，因此需要产生节拍控制脉冲，以协调各部分的工作。这种能产生节拍脉冲的电路称为节拍脉冲发生器，又叫顺序脉冲发生器（脉冲分配器）。

如图 5-35 所示，利用 74LS194 构成顺序脉冲发生器电路，通过并行置数功能将电路初态置为 $Q_3 Q_2 Q_1 Q_0 = D_3 D_2 D_1 D_0$。来一个 CP 脉冲，各位左移一次，即 $Q_0 \leftarrow Q_1 \leftarrow Q_2 \leftarrow Q_3$，左移输入信号 D_{SL} 由 Q_0 提供，因此能实现循环左移。如图 5-36 所示，74LS194 构成顺序脉冲发生器时，从 $Q_3 \sim Q_0$ 依次输出顺序脉冲，顺序脉冲宽度为一个 CP 时钟周期。

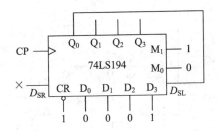

图 5-35　74LS194 构成顺序脉冲发生器

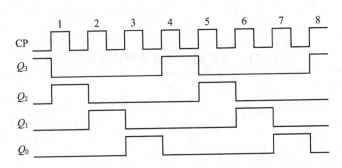

图 5-36　74LS194 构成顺序脉冲发生器时序图

3）组成移位型计数器

（1）环形计数器。把移位寄存器的输出反馈到它的串行输入端，就可以进行循环移位。

如图 5-37 所示，把 Q_3 和右移串行输入端 D_{SR} 相连接，设初始状态 $Q_0Q_1Q_2Q_3=1000$，则在时钟脉冲的作用下 $Q_0Q_1Q_2Q_3$ 将依次变为 0100、0010、0001、1000，可见它是一个具有 4 个有效状态的计数器，其余均为无效状态，这种类型的计数器通常称为环形计数器，其状态图如图 5-38 所示。一般而言，N 位环形移位寄存器有 N 个状态循环，所以又称为环形计数器，计数状态总数，即计数长度为 N，但是有两种情况除外，即初态是"0000"或"1111"时，环形移位寄存器会一直维持原状态。该电路可以由各个输出端输出在时间上有先后顺序的脉冲，因此也可作为顺序脉冲发生器。

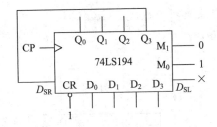

图 5-37　74LS194 构成环形移位计数器

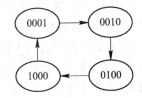

图 5-38　环形移位计数器状态图

（2）扭环形计数器。为提高环形计数器的状态利用率，引入扭环形计数器（约翰逊计数器），与环形计数器相比，其并未改变电路内部结构，只是改变了其反馈逻辑电路。

如图 5-39 所示为由双向移位寄存器 74LS194 构成的扭环形计数器。设双向移位寄存器的初始状态为 $Q_3Q_2Q_1Q_0=0000$，由图 5-39 可以看出，在 CP 上升沿作用下，执行右移操作，状态变化情况如表 5-17 所示。

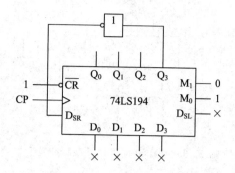

图 5-39　双向移位寄存器 74LS194 构成的扭环形计数器

表 5-17　八进制扭环形计数器状态转换表

CP 脉冲顺序	Q_0	Q_1	Q_2	Q_3
0	0	0	0	0
1	1	0	0	0
2	1	1	0	0
3	1	1	1	0
4	1	1	1	1
5	0	1	1	1
6	0	0	1	1
7	0	0	0	1
8	0	0	0	0

　　由表 5-17 可以看出，经过 8 个移位脉冲后，电路返回初始状态 $Q_3Q_2Q_1Q_0 = 0000$，所以该电路为八进制扭环计数器，也是一个八分频电路。

　　利用移位寄存器构成扭环形计数器有一定的规律，如 4 位移位寄存器的第三个输出 Q_2 通过非门加到 D_{SR} 端上，便可构成六（2×3）进制的扭环形计数器。当移位寄存器的第 N 个输出通过非门加到 D_{SR} 端时，便可构成 2×N 进制扭环形计数器，即偶数分频。如果将移位寄存器的第 $N-1$ 个和第 N 个输出通过与非门加到 D_{SR}，便可构成 $2N-1$ 进制扭环形计数器，即奇数分频。如图 5-40 所示为由 74LS194 构成的七进制扭环形计数器，状态转换如表 5-18 所示。

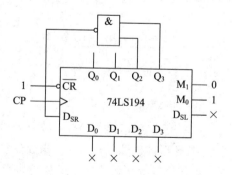

图 5-40　七进制扭环形计数器

表 5-18　七进制扭环形计数器状态转换表

CP 脉冲顺序	Q_0	Q_1	Q_2	Q_3
0	1	0	0	0
1	1	1	0	0
2	1	1	1	0
3	1	1	1	1
4	0	1	1	1
5	0	0	1	1
6	0	0	0	1
7	1	0	0	0

5.5　时序逻辑电路的设计

时序逻辑电路的设计是分析的逆过程,但比分析要复杂。时序逻辑电路的设计,就是根据给定的逻辑功能要求,设计出相应的逻辑电路。

5.5.1　时序逻辑电路设计步骤

时序逻辑电路的设计分同步时序电路设计和异步时序电路设计两种。时序逻辑电路基本设计步骤如下:

同步时序逻辑
电路设计

(1) 根据设计要求,设定状态,画出状态图和状态表。分析给定的逻辑要求,确定输入、输出变量以及状态数;定义输入、输出变量和每个逻辑状态的含义,进行状态赋值,然后对各个状态进行编号;按照题意要求,建立原始的状态图和状态表。

(2) 状态化简。在构成原始状态图或状态表时,往往根据设计要求,为了充分描述电路的功能,可能在列出的状态之间有一定的联系而可以合并。如果两个状态的输入、输出均相同,并且要转换的次态也相同,则称这两个状态等价,可以对这两个状态进行合并,即消去一个状态,从而得到最简化的状态表。

(3) 状态分配。状态分配是指简化后的状态表中各个状态用二进制代码来表示,因此状态分配又叫状态编码。二进制编码的位数等于存储电路中触发器的数目 n,它与电路的状态数 N 之间满足 $2^{n-1} < N \leqslant 2^n$。另外,由于状态编码不唯一,选择不同的状态编码设计电路,其复杂程度是不同的,至于如何才能获得最佳方案,目前没有普遍有效的方法,要通过反复比较才能得到。

(4) 选择触发器的类型,求出状态方程、驱动方程、输出方程和时钟方程。选定了状态编码后,还应选择合适的触发器类型,才能得到对应的最佳电路。求时钟方程时,若采用同步方式，那么各触发器的时钟信号都选用外输入 CP 脉冲；若采用异步方式，要为每个触发器选择时钟信号，具体方法可以先根据状态图画出时序图，然后再找出时序图中各触发器的时钟，即每个输出端状态转换时的有效时钟。根据二进制状态图，利用公式法或卡诺图法，求出电路的状态方程和输出方程，再将状态方程形式转换成与触发器的特性方程相类似，比较后求得驱动方程。

注意：在求驱动方程和状态方程时，无效循环可作为约束项处理。如果采用异步方式，对于在输入 CP 时钟脉冲到来电路状态转换时，不具备时钟条件的触发器的现态所对应的最小项，也可以当作随意项处理。

（5）根据驱动方程和输出方程画逻辑图。

（6）检查电路有无自启动能力。电路在工作时，若由于某种原因进入无效状态（没有被利用的状态）后，必须能自动转入有效状态的循环中去，否则将是不能自启动的计数器。在这种情况下，必须修改驱动方程，使之变成具有自启动能力的计数器。下面以同步时序逻辑电路设计为例说明，其设计过程图如图 5-41 所示。

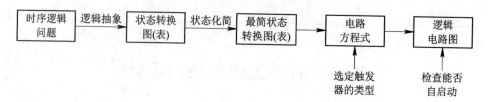

图 5-41　同步时序逻辑电路的设计过程

5.5.2　同步时序逻辑电路设计举例

例 5-1　设计一个按自然态序编码的带有进位的八进制同步加法计数器。

解　（1）根据设计要求，设定状态，画出状态转换图。由于 8 个状态中无重复状态，因此不需要进行状态化简。状态转换图如图 5-42 所示。

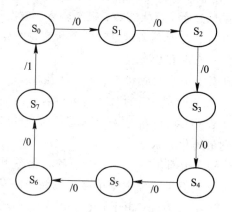

图 5-42　八进制同步加法计数器状态图

（2）状态分配，列状态编码表。状态数 $N=8$，所以触发器个数 $n=3$。状态转换编码表如表 5-19 所示。

表 5‑19　状态转换编码表

状态转换顺序	现态			次态			输出
	Q_2^n	Q_1^n	Q_0^n	Q_2^{n+1}	Q_1^{n+1}	Q_0^{n+1}	C
0	0	0	0	0	0	1	0
1	0	0	1	0	1	0	0
2	0	1	0	0	1	1	0
3	0	1	1	1	0	0	0
4	1	0	0	1	0	1	0
5	1	0	1	1	1	0	0
6	1	1	0	1	1	1	0
7	1	1	1	0	0	0	1

（3）选择触发器、求时钟方程、输出方程、状态方程和驱动方程。

由于设计电路采用同步计数方式，因此时钟方程为 $CP = CP_0 = CP_1 = CP_2$。由于电路次态 Q_2^{n+1}、Q_1^{n+1}、Q_0^{n+1} 和进位输出位 C 是其现态的函数，因此根据状态转换表画出电路的次态和进位输出位的卡诺图如图 5‑43 所示。将图 5‑43 分解可得各个触发器次态及进位输出的卡诺图，如图 5‑44 所示。

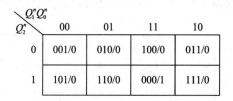

图 5‑43　八进制计数器次态/输出卡诺图

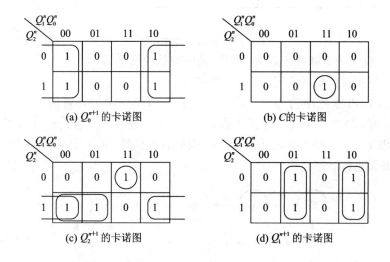

(a) Q_0^{n+1} 的卡诺图　　　　(b) C 的卡诺图

(c) Q_2^{n+1} 的卡诺图　　　　(d) Q_1^{n+1} 的卡诺图

图 5‑44　八进制计数器次态/输出电路分解卡诺图

从分解卡诺图可以写出电路的状态方程和输出方程。状态方程为

$$Q_0^{n+1} = \overline{Q_0^n}$$

$$Q_1^{n+1} = \overline{Q_1^n}Q_0^n + Q_1^n\,\overline{Q_0^n}$$

$$Q_2^{n+1} = \overline{Q_2^n}Q_1^nQ_0^n + Q_2^n\,\overline{Q_1^n} + Q_2^n\,\overline{Q_0^n}$$

进位输出方程为

$$C = Q_2^nQ_1^nQ_0^n$$

若选择 JK 触发器构成该时序电路，则需要将各触发器的状态方程转换成与 JK 触发器的特性方程相一致的形式，进行比较从而求得触发器的驱动方程。由于 JK 触发器的特性方程为，$Q^{n+1} = J\,\overline{Q^n} + \overline{K}Q^n$，因此各个触发器状态方程为

$$Q_0^{n+1} = 1 \cdot \overline{Q_0^n} + \overline{1} \cdot Q_0^n$$

$$Q_1^{n+1} = Q_0^n\,\overline{Q_1^n} + \overline{Q_0^n}Q_1^n$$

$$Q_2^{n+1} = Q_0^nQ_1^n\,\overline{Q_2^n} + (\overline{Q_0^nQ_1^n})Q_2^n$$

各个触发器驱动方程分别为

$$J_0 = K_0 = 1$$

$$J_1 = K_1 = Q_0^n$$

$$J_2 = K_2 = Q_0^nQ_1^n$$

（4）画出逻辑图并判断设计的电路能否自启动。

根据驱动方程、输出方程和时钟方程，画出八进制同步加法计数器的逻辑图，如图 5-45 所示。由于此时序电路不存在无效状态，因此该电路能够自启动。

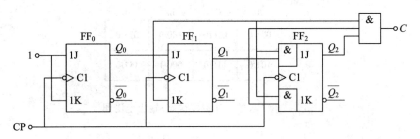

图 5-45　八进制同步加法计数器逻辑图

例 5-2　设计一个脉冲序列为 10100 的序列脉冲发生器。

解　（1）根据设计要求设定状态，画状态图。

由于串行输出脉冲序列为 10100，即在输入脉冲作用下，周期性地依次输出数码 "1、0、1、0、0"，故电路应有 5 种工作状态，将它们分别用 S_0、S_1、S_2、S_3、S_4 表示，将串行输出信号用 Y 表示，则可列出下图 5-46 所示的状态图。由于上述 5 个状态中无重复状态，因此不需要进行状态化简。

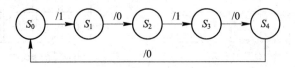

图 5-46　序列脉冲发生器状态图

（2）根据状态分配，列出状态转换编码表。

由于电路有 5 个状态，因此宜采用三位二进制代码。现采用自然二进制码进行如下编码：$S_0 = 000$，$S_1 = 001$，$\cdots$，$S_4 = 100$，由此可列出电路状态转换编码如表 5 - 20 所示。

表 5 - 20　序列脉冲发生器状态转换编码表

状态转换顺序	现　　态			次　　态			输出
	Q_2^n	Q_1^n	Q_0^n	Q_2^{n+1}	Q_1^{n+1}	Q_0^{n+1}	Y
S_0	0	0	0	0	0	1	1
S_1	0	0	1	0	1	0	0
S_2	0	1	0	0	1	1	1
S_3	0	1	1	1	0	0	0
S_4	1	0	0	0	0	0	0

（3）根据状态转换编码表求输出方程和状态方程。

根据状态转换编码表画出序列脉冲发生器分解卡诺图如图 5 - 47 所示。

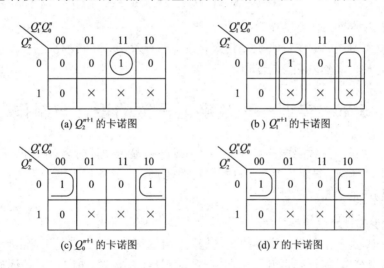

图 5 - 47　序列脉冲发生器分解卡诺图

由卡诺图列出输出方程为

$$Y = \overline{Q_2^n} \cdot \overline{Q_0^n}$$

状态方程为

$$Q_2^{n+1} = Q_0^n Q_1^n \overline{Q_2^n}$$

$$Q_1^{n+1} = Q_0^n \overline{Q_2^n} + \overline{Q_0^n} Q_1^n$$

$$Q_0^{n+1} = \overline{Q_2^n Q_0^n}$$

（4）选择触发器类型，并求驱动方程。

选用 JK 触发器。其特性方程为 $Q^{n+1} = J \overline{Q^n} + \overline{K} Q^n$，将它与状态方程进行比较，可得驱动方程为

$$\begin{cases} J_2 = Q_0^n Q_1^n, K_2 = 1 \\ J_1 = Q_0^n, K_1 = Q_0^n \\ J_0 = \overline{Q_2^n}, K_0 = 1 \end{cases}$$

（5）根据驱动方程和输出方程画逻辑图。

序列脉冲发生器逻辑图如图 5-48 所示。

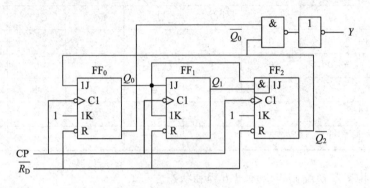

图 5-48　序列脉冲发生器逻辑图

（6）检查电路有无自启动能力。

将 3 个无效状态 101、110、111 代入状态方程计算后，获得的次态 010、010、000 均为有效状态，因此，该电路能自启动。

5.6　实训——数字电子钟的设计与制作

数字电子钟是采用数字电路对"时""分""秒"数字显示的计时装置。与传统的机械钟相比，它具有走时准确、显示直观、无机械传动等优点，广泛应用于电子手表和车站、码头、机场等公共场所的大型电子钟等。

1. 数字电子钟电路组成

如图 5-49 所示是数字电子钟的组成框图。由图可见，该数字电子钟由秒脉冲发生器，六十进制"秒""分"计时计数器和二十四进制"时"计时计数器，时、分、秒译码显示器，校时电路和报时电路这 5 部分电路组成。

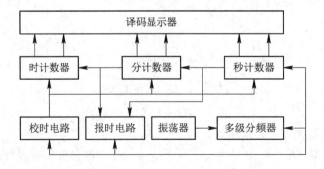

图 5-49　数字电子钟的组成框图

2. 数字电子钟电路工作原理

1) 秒信号发生电路

秒信号发生电路产生频率为 1 Hz 的时间基准信号。数字电子钟大多采用 $32768(2^{15})$ Hz 石英晶体振荡器，经过 15 级二分频，获得 1 Hz 的秒脉冲，秒脉冲信号发生电路如图 5-50 所示。该电路主要应用 CD4060，CD4060 是 14 级二进制计数器/分频器/振荡器，它与外接电阻、电容、石英晶体共同组成振荡器电路，并进行 14 级二分频，从③脚输出 14 级分频信号，再外加一级 D 触发器(CD4013)二分频，输出 1 Hz 的时基准秒信号。CD4060 的引脚排列如图 5-51 所示，CD4060 的功能表如表 5-21 所示，其内部逻辑框图如图 5-52 所示。

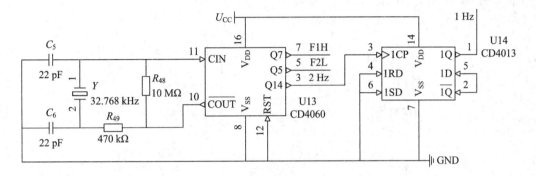

图 5-50　秒脉冲发生器

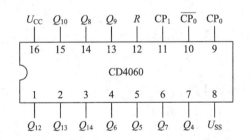

图 5-51　CD4060 的引脚排列

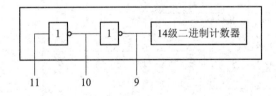

图 5-52　CD4060 的内部逻辑框图

表 5-21　CD4060 功能表

R	CP	功能
1	×	清零
0	↑	不变
0	↓	计数

R_{48}是反馈电阻,可使 CD4060 内非门电路工作在电压传输特性的过渡区,即线性放大区,R_4 的阻值可在几 MΩ 到几十 MΩ 之间选择,本电路取 10 MΩ。C_6 是微调电容,可将振荡频率调整到精确值,根据调试结果,设计电路时可选取 22 pF。

2)计数器电路

"秒""分""时"计数器电路均采用双 BCD 同步加法计数器 CD4518,如图 5-53 所示,"秒"计数器是六十进制计数器,为了便于应用 8421 码显示译码器工作,"秒"个位采用十进制计数器,十位采用六进制计数器,在到达"60 秒"时产生一个进位信号,用两个十进制计数器,采用反馈清零法来实现,"分"计数器与"秒"计数器结构相同,不同的只是"分"计数器输入端 CP 接的是"秒"计数器的进位输出。

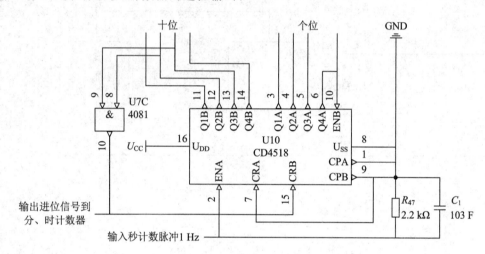

图 5-53 "秒"计数器

"时"计数器是二十四进制计数器,如图 5-54 所示,用两个十进制计数器采用反馈清零法完成二十四进制"0010 0100"计数功能。

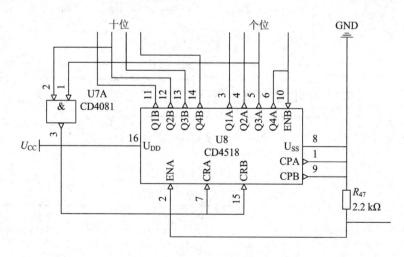

图 5-54 "时"计数器

3)译码、显示电路

CD4511 是用于驱动共阴数码管的 BCD 码-七段码译码器,其引脚排列如图 5-55 所示，其中 ABCD 为 BCD 码输入，A 为最低位，$\overline{LT}$ 为灯测试端，加高电平时，显示器正常显示，加低电平时，数码管显示"8"，$\overline{BI}$ 为消隐功能端，正常显示时接高电平。LE 是锁存控制端，高电平时锁存，低电平时传输数据。

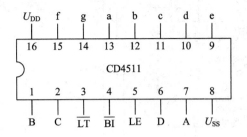

图 5-55　CD4511 引脚排列

译码电路的功能是将"时""分""秒"计数器的输出信号译成七段数码管显示要求的电信号，再经数码管驱动显示电路，将相应的数字显示出来。采用 CD4511 集成电路驱动共阴数码管，秒个位译码显示如图 5-56 所示，其他显示原理与此类同。

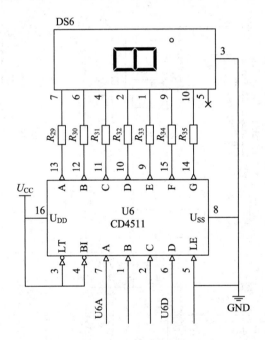

图 5-56　秒个位译码、显示电路

4）校时电路

校时电路如图 5-57 所示。"秒"校时采用等待校时法，正常工作时，将开关 S_3 拨向送秒计数信号位置，进行校对时，将 S_3 拨向另一侧，断开连接，暂停秒计时，标准时间一到，立即将 S_3 拨回秒计数信号位置。"分"和"时"校时采用加速校时法，正常工作时，S_1 和 S_2 弹起，校"时"时，将"秒"信号直接引进"时"计数器，同时将"分"的计数器停止计数，让"时"计数器快速计数，在"时"的指示调到需要的数字后，再切断"秒"信号，同理，校"分"电路时，让"秒"信号输入"分"计数器，同时让"时"计数器停止计数，快速改变"分"的数值，到等于需要的数字为止。

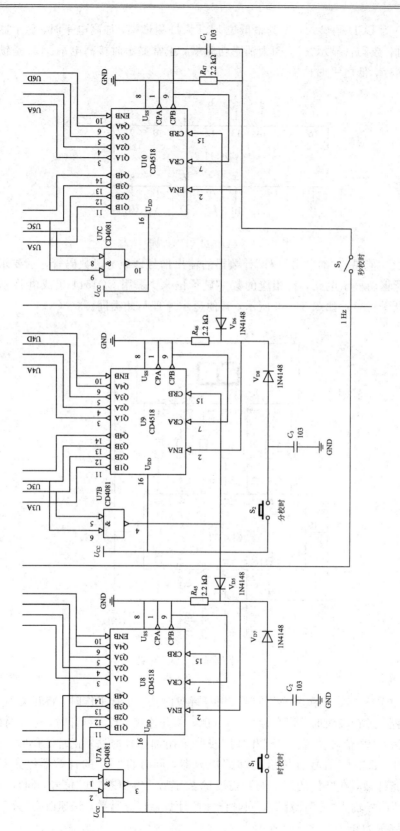

图5-57 校时电路

5) 整点报时电路

整点报时电路如图 5 - 58 所示，包括控制和音响两部分。每当"分"和"秒"计数器计到 59 分 51 秒，自动驱动音响电路发出 5 次持续 1 s 的鸣叫，前 4 次音调低，最后一次音调高。最后一声鸣叫结束，计数器正好为整点（"00"分"00"秒）。

（1）控制电路。当"分"和"秒"计数器到 59 分 51 秒时，从 59 分 51 秒到 59 分 59 秒之间，只有"秒"个位在计数，分十位、分个位和秒十位均保持不变（输出均为 1），分别对应十进制的 5、9 和 5，因此可将分计数器十位的 Q_A 和 Q_C、个位的 Q_A 和 Q_D 及秒计数器十位的 Q_A 和 Q_C 相与，从而产生报时控制信号，去控制门 U15B 和门 U15A。

在每小时的最后 10 s 内，由于 U16B 输入均为高电平，即"59"分，所以 U17A 输出为高电平。U15B 输入端加有频率为 2048Hz 的方波信号，该方波信号是由 CD4060 的⑦脚输出，对 32.768 kHz 进行 4 级分频产生，U15B 同时又受 Q_D、Q_A 秒个位的控制，只有在"59"秒时，2048 Hz 的方波信号才可以通过与非门 U15B；U15A 的输入端有 1024 Hz 的方波信号，该方波信号是由 CD4060 的⑤脚输出，对 32.768 kHz 进行 5 级分频产生，同时又与输入秒个位信号 Q_D 反向后、Q_A 的秒个位信号相与，所以只有在"51 s""53 s""55 s"和"57 s"时，1024 Hz 的方波信号才可以通过 U15A。在非输出时间，U15B 和 U15A 输出端维持高电平，由此实现了前四声为低音，最后一声为高音的效果。

（2）音响电路。采用三极管驱动无源蜂鸣器发声，在非输出时间蜂鸣器无电流通过，蜂鸣器不鸣叫。

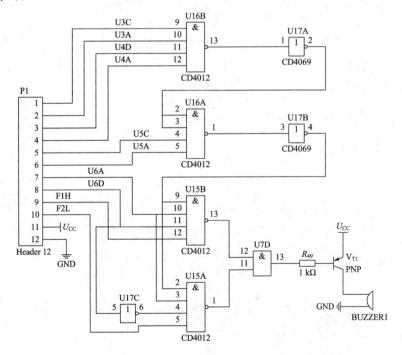

图 5 - 58　整点报时电路

3. 项目设计与制作

1) 电路设计

根据设计要求，设计如图 5 - 59 所示数字电子钟电路工作原理图。

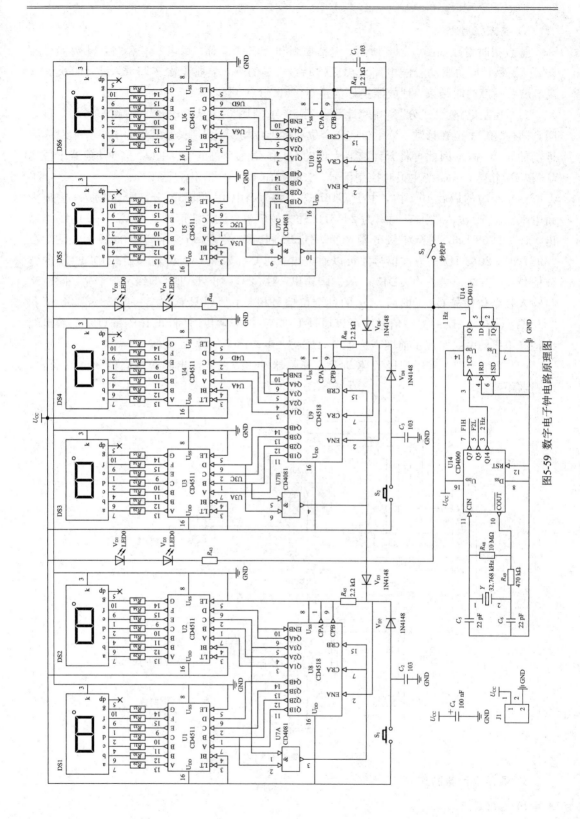

图5-59 数字电子钟电路原理图

2）电路制作

（1）元器件。显示译码器 CD4511、加法计数器 CD4518、四 2 输入与门 CD4081、振荡/分频器 CD4060、双 D 触发器 CD4013、六反相器 CD4069、双四输入与非门 CD4012、四二输入与非门 CD4012、共阴数码显示管 5161A6－1、32768Hz 石英晶体、晶体三极管 8550、蜂鸣器、印刷板、电阻、电容、按钮、导线若干。

（2）电路安装与调试。参照原理图，在印刷电路板上对电子器件进行安装和焊接，检查确认无误后，接通电源，逐级调试。秒信号发生电路、计数器电路、译码显示电路、校时。

本 章 小 结

（1）时序逻辑电路由触发器和组合逻辑电路组成，其中触发器必不可少。时序逻辑电路的输出不仅与输入有关，而且还与电路原来的状态有关。时序逻辑电路的工作状态由触发器存储和表示。

（2）时序逻辑电路按时钟控制方式不同分为同步时序逻辑电路和异步时序逻辑电路。前者所有触发器的时钟输入端 CP 连在一起，在同一个时钟脉冲 CP 作用下，凡具备翻转条件的触发器在同一时刻翻转。后者时钟脉冲 CP 只触发部分触发器，其余触发器由电路内部信号触发，因此，其触发器的翻转不在同一输入时钟脉冲作用下同步进行。

（3）描述时序电路逻辑功能的方法有逻辑图、状态方程、驱动方程、输出方程、状态转换真值表、状态转换图和时序图等。

（4）时序逻辑电路分析的关键是求出状态方程和状态转换真值表，然后由此分析时序逻辑电路的功能。

（5）计数器是快速记录输入脉冲个数的器件。按计数进制分有二进制计数器、十进制计数器和任意进制计数器；按计数增减分有加法计数器、减法计数器和加/减计数器；按触发器翻转是否同步分有同步计数器和异步计数器。计数器除了用于计数外，还常用于分频、定时等。

（6）寄存器主要用以存放数码。移位寄存器不但可以存放数码，还能对数码进行移位操作。移位寄存器有单向移位寄存器和双向移位寄存器。集成移位寄存器使用方便、功能全、输入和输出方式灵活，功能表是其正确使用的依据。移位寄存器常用于实现数据的串并行转换，构成环形计数器、扭环计数器和顺序脉冲发生器等。顺序脉冲指在每个循环周期内，在时间上按一定先后顺序排列的脉冲信号。常用之控制某些设备按照事先规定的顺序进行运算或操作。

习 　 题 　 5

一、填空题

1. 对于时序逻辑电路来说，某一时刻电路的输出不仅取决于当时的_____，而且还取决于电路_____，所以时序电路具有_____性。

2. 计数器的主要用途是对脉冲进行_____，也可以用作_____和_____等。

3．在分析时序逻辑电路时，状态方程是将_____方程代入相应触发器的_____方程中求得。

4．计数器按计数进位制，常用的有_____、_____计数器。

5．用来累计和寄存输入脉冲数目的部件称为_____。

6．一个触发器可以构成_____位二进制计数器，它有_____种工作状态，若需要表示 n 位二进制数，则需要_____个触发器。

7．在计数器中，若触发器的时钟脉冲不是同一个，各触发器状态的更新有先有后，则这种计数器称为_____。

8．在计数器中，当计数脉冲输入时，所有触发器同时翻转，即各触发器状态的改变是同时进行的，这种计数器称为_____。

9．存放 n 位二进制代码的寄存器需用_____个触发器来构成。

10．全面描述一个时序逻辑电路的功能，必须使用三个方程式，它们是_____，_____和_____。

二、分析题

分析如图 5-60 所示的计数器电路，说明这是几进制计数器。

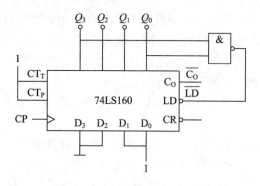

图 5-60 题图

三、画图题

1．用两片 4 位二进制加法计数器 74161 采用同步级联方式构成的 8 位同步二进制加法计数器。

2．利用两片 74LS162 的归零法构成六十进制计数器。

3．两片 74LS90 按异步级联方式组成的 $M=10\times10=100$ 进制计数器。

四、设计题

试设计一个带进位输出端的十三进制计数器。

第 6 章　脉冲波形的产生与整形电路

本章介绍 555 定时器后，主要讲述 555 定时器构成的施密特触发器、多谐振荡器和单稳态触发器。其中，多谐振荡器能直接产生脉冲信号，施密特触发器能对已有信号进行变换、整形，单稳态触发器可用于脉冲信号的定时和延时等。

6.1　概　　述

在数字系统中，常常需要获得各种不同频率、不同幅度的矩形波、尖顶波和锯齿波等脉冲信号。例如，时序逻辑电路中的同步脉冲控制信号 CP，而获得脉冲信号的方法一般有两种：一种是利用多谐振荡器直接产生矩形脉冲信号；另一种是通过整形电路对已有信号的波形进行整形、变换得到。

脉冲波形的产生
与整形电路

在模拟电子技术中常用正弦波信号，而在数字电路中，常需要各种脉冲信号，按照非正弦规律变化的信号均可称为脉冲信号，例如，时钟信号、控制过程的定时信号等，几种常见的脉冲信号波形如图 6-1 所示。

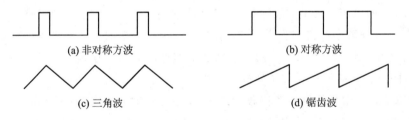

(a) 非对称方波　　　　　　　　　　(b) 对称方波

(c) 三角波　　　　　　　　　　(d) 锯齿波

图 6-1　几种常见的脉冲信号波形

脉冲信号可以用来表示信息，也可以作为载波，还可以作为各种数字电路和高性能芯片的时钟信号。数字电路中最常用的脉冲信号就是方波信号，如图 6-2 所示，方波信号的特性常用以下参数进行描述。

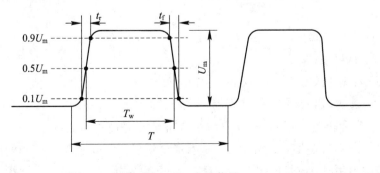

图 6-2　方波信号

(1) 脉冲周期 T：两个相邻脉冲之间的时间间隔。

(2) 脉冲频率 f：表示单位时间内脉冲的重复次数 $f = \dfrac{1}{T}$。

(3) 脉冲幅度 U_m：脉冲电压变化的最大幅值。

(4) 脉冲宽度 T_w：从脉冲前沿到达 $0.5U_m$ 起到脉冲后沿到达 $0.5U_m$ 止的一段时间。

(5) 上升沿时间 t_r：脉冲信号上升沿从 $0.1U_m$ 上升到 $0.9U_m$ 的时间。

(6) 下降沿时间 t_f：脉冲信号下降沿从 $0.9U_m$ 下降到 $0.1U_m$ 的时间。

(7) 占空比 q：脉冲宽度与脉冲周期的比值，即 $q = \dfrac{T_w}{T}$。

理想方波信号的上升沿时间 t_r 和下降沿时间 t_f 均为 0，但是在实际工程应用中，矩形脉冲都有一定的上升和下降时间，必须采取一定措施才能保证脉冲波形周期和幅度相对稳定。获取方波信号的途径有两种：一种是直接用各种形式的多谐振荡器产生，另一种是利用整形电路将已有周期性变化的波形变换为符合要求的方波信号。在脉冲产生和整形电路用于具体系统时，有时可能有一些特殊要求，还需要增加一些相应参数说明。

6.2 555 定时器

555 定时器是一种多用途的数字－模拟混合的单片中规模集成电路。该电路功能强大，连接使用方便、灵活，俗称"万能块"。只需要外接少量的阻容元件就可以构成单稳态触发器、施密特触发器、多谐振荡电路等典型电路。它可产生精确的时间延迟和振荡，内部有 3 个 5 kΩ 的电阻分压器，故称 555。其在波形的产生与变换、测量与控制、家用电器、电子玩具等许多领域中都得到了广泛的应用。目前生产的定时器有双极型（TTL）和互补金属氧化半导体型（COMS）两种。它们的区别是工作电压和输出电流不同，但各公司生产的 555 定时器的逻辑功能与外引线排列都完全相同。

TTL 单定时器型号的最后 3 位数字是 555，双定时器的为 556；COMS 单定时器的最后 4 位数字为 7555，双定时器为 7556。它们的逻辑功能和外部引线完全相同。555 定时器的电源电压范围宽，TTL555 定时器为 5～16 V，COMS 555 定时器为 3～18 V。

6.2.1 555 定时器的基本概念

555 定时器采用双列直插式封装形式，共有 8 个引脚，如图 6-3 所示。各引脚的功能分别为：

1 脚（GND）：接地端。

2 脚（$\overline{TR}$）：低触发端。

3 脚（OUT）：输出端。

4 脚（$\overline{R_D}$）：复位端，也称直接清零端；此脚接低电平，则时基电路不工作，此时不论 $\overline{TR}$ 和 TH 处于何种状态，时基电路输出为"0"，正常工作时应接高电平。

5 脚（CO）：电压控制端，此端外接一个参考电源时，可以改变上、下两比较器的参考电平值，当该端不用时，应将该端串入一只 0.01uF 电容接地，以防引入干扰。

6 脚(TH)：高电平触发端。

7 脚(DIS)：放电端。当 V_T 导通时，外电路电容上的电荷可以通过它释放。该端也可以作为集电极开路输出端。

8 脚(U_{CC})：电源端。双极型时基电路工作电压为 5～16 V，CMOS 型时基电路工作电压为 3～18 V，一般用 5 V。

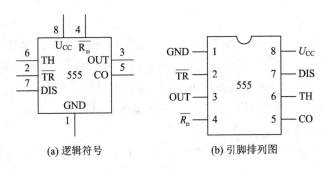

(a) 逻辑符号　　　　　　　(b) 引脚排列图

图 6 - 3　555 定时器

6.2.2　555 定时器电路组成及其功能

1. 电路组成

如图 6 - 4 所示是 555 定时器的内部结构图，由分压器、电压比较器、基本 RS 触发器和放电三极管及缓冲器等组成。

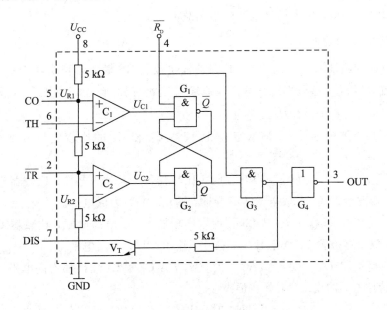

图 6 - 4　555 定时器的内部结构图

1) 电阻分压器

电阻分压器由三个等值的 5 kΩ 电阻串联构成，将电源电压 U_{CC} 分为 3 等份，其作用是

为比较器提供两个参考电压 U_{R1}、U_{R2}，若控制端 CO 悬空或通过电容接地，则

$$U_{R1} = \frac{2}{3}U_{CC}, \quad U_{R2} = \frac{1}{3}U_{CC}$$

若控制端 CO 外加控制电压 U_{CO}，则

$$U_{R1} = U_{CO}, \quad U_{R2} = \frac{1}{2}U_{CO}$$

2）电压比较器

电压比较器是由两个结构相同的集成运放 C_1 和 C_2 构成。C_1 用来比较参考电压 U_{R1} 和高电平触发端电压 U_{TH}：当 $U_{TH} > U_{R1}$ 时，集成运放 C_1 输出 $U_{C1} = 0$；当 $U_{TH} < U_{R1}$ 时，集成运放 C_1 输出 $U_{C1} = 1$。C_2 用来比较参考电压 U_{R2} 和低电平触发端电压 $U_{\overline{TR}}$，当 $U_{\overline{TR}} > U_{R2}$ 时，集成运放 C_2 输出 $U_{C2} = 1$，当 $U_{\overline{TR}} < U_{R2}$ 时，集成运放 C_2 输出 $U_{C2} = 0$。

3）基本 RS 触发器

基本 RS 触发器由两个与非门 G_1 和 G_2 构成，比较器 C_1 的输出作为置 0 输入端，比较器 C_2 的输出作为置 1 输入端，当 $\overline{RS} = 01$ 时，$Q = 0$、$\overline{Q} = 1$；当 $\overline{RS} = 10$ 时，$Q = 1$、$\overline{Q} = 0$；当 $\overline{RS} = 11$ 时，Q、$\overline{Q}$ 保持原状态不变。$\overline{R_D}$ 是定时器的复位输入端，只要 $\overline{R_D} = 0$，定时器输出端 OUT 则为 0，正常工作时，必须使 $\overline{R_D}$ 处于高电平。

4）放电管 V_T

放电管 V_T 是集电极开路的三极管。相当于一个受控电子开关。输出端 OUT 为 0 时，放电管 V_T 导通；输出端 OUT 为 1 时，放电管 V_T 截止。

5）缓冲器

缓冲器由 G_4 构成，用于提高电路的带负载能力。

2. 555 定时器的功能

555 定时器的功能取决于比较器，比较器输出控制 RS 触发器和放电管 V_T 的状态，$\overline{R_D}$ 为复位输入端。当 $\overline{R_D}$ 为低电平时，不管其他输入端状态如何，输出 OUT 为低电平。因此 555 定时器正常工作时，应将 $\overline{R_D}$ 接高电平。

在 CO 不加外加电压时（5 脚悬空），比较器 C_1 和 C_2 的比较电压分别在 $2/3U_{CC}$ 和 $1/3U_{CC}$ 时：

（1）当 $U_{TH} > 2/3U_{CC}$、$U_{\overline{TR}} > 1/3U_{CC}$ 时，比较器 C_1 输出低电平，比较器 C_2 输出高电平，基本 RS 触发器被置 0，放电管 VT 导通，输出 OUT 为低电平。

（2）当 $U_{TH} < 2/3U_{CC}$、$U_{\overline{TR}} < 1/3U_{CC}$ 时，比较器 C_1 输出高电平，比较器 C_2 输出低电平，基本 RS 触发器被置 1，放电管 VT 截止，输出 OUT 为高电平。

（3）当 $U_{TH} < 2/3U_{CC}$、$U_{\overline{TR}} > 1/3U_{CC}$ 时，比较器 C_1 和 C_2 输出都为高电平，基本 RS 触发器状态保持原态，输出 OUT 保持原态。

（4）当 $U_{TH} > 2/3U_{CC}$、$U_{\overline{TR}} < 1/3U_{CC}$ 时，比较器 C_1 和 C_2 输出都为低电平，基本 RS 触发器 $Q = \overline{Q} = 1$（禁态），放电管 V_T 截止，输出 OUT 为高电平。

根据以上分析可得 555 定时器的功能表见表 6-1。

表 6-1　555 定时器的功能表

R_D	U_{TH}	U_{TR}	输出 OUT	V_T 状态
0	$\times$	$\times$	低电平	导通
1	$>\dfrac{2}{3}U_{CC}$	$>\dfrac{1}{3}U_{CC}$	低电平	导通
1	$<\dfrac{2}{3}U_{CC}$	$>\dfrac{1}{3}U_{CC}$	保持原态	保持原态
1	$<\dfrac{2}{3}U_{CC}$	$<\dfrac{1}{3}U_{CC}$	高电平	截止
1	$>\dfrac{2}{3}U_{CC}$	$<\dfrac{1}{3}U_{CC}$	高电平	截止

6.3　施密特触发器

施密特触发器的主要用途是把变化缓慢的信号波形变换为边沿陡峭的矩形波。

施密特触发器的特点如下：

(1) 电路有两种稳定状态。两种稳定状态的维持和转换完全取决于外加触发信号。触发方式为电平触发。

(2) 电压传输特性特殊，电路有两个转换电平(上限触发转换电平 U_{T+} 和下限触发转换电平 U_{T-})。

(3) 状态翻转时有正反馈过程，从而输出边沿陡峭的矩形脉冲。

6.3.1　由门电路构成的施密特触发器

1. 电路组成

由门电路构成的施密特触发器如图 6-5 所示。电路中两个 CMOS 反相器 G_1 和 G_2 门串接，R_1 和 R_2 是分压电阻，其中 R_2 将输出端电压反馈到门的输入端。

由门电路构成的
施密特触发器

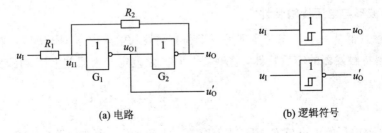

(a) 电路　　　　　　　　　　(b) 逻辑符号

图 6-5　由门电路构成的施密特触发器

2. 工作原理

设 CMOS 反相器 G_1、G_2 的阈值电压为 $U_{TH} = \frac{1}{2}U_{DD}$，且 $R_1 < R_2$，输入信号 u_I 为三角波。因为 CMOS 反相器的输入端是 MOS 管的栅极，没有输入电流，所以 R_1、R_2 的电流相同，根据线性电路的串联分压原理与叠加原理可得

$$u_{I1} = \frac{R_2}{R_1 + R_2}u_I + \frac{R_1}{R_1 + R_2}u_O \qquad (6-1)$$

当 $u_I = 0$ V 时，G_1 门截止、G_2 门导通，u_{O1} 则为高电平，输出 $u_O \approx 0$ V，电路处于第一个稳定状态，此时 $u_{I1} = 0$ V。只要满足 $u_{I1} < U_{TH}$，电路会处于第一稳态。

当 u_I 从 0 逐渐上升到 G_1 门阈值电压 U_{TH} 时，G_1 进入放大区，电路会产生正反馈，正反馈的结果使输出 u_O 状态由低电平跳变为高电平，即 $u_O \approx U_{DD}$，电路会处于第二稳态。此时的 u_I 值称为施密特触发器的上限触发转换电平(或正向阈值电压)U_{T+}。由式(6-1)可得

$$u_{I1} = U_{TH} = \frac{R_2}{R_1 + R_2}U_{T+} (在转换瞬间 u_O = 0)$$

$$U_{T+} = \left(1 + \frac{R_1}{R_2}\right)U_{TH} \qquad (6-2)$$

显然 u_I 继续上升，电路的状态不会改变，即 $u_O \approx U_{DD}$，而且

$$u_{I1} = \frac{R_2}{R_1 + R_2}u_I + \frac{R_1}{R_1 + R_2}U_{DD}(U_{DD} > U_{TH})$$

当 u_I 从高电平逐渐下降到阈值电压 U_{TH} 时，电路将又产生一个正反馈，正反馈的结果使输出 u_O 状态迅速由高电平跳变为低电平，电路会迅速转换为 G_1 门截止、G_2 门导通，即 $u_O \approx 0$ 的第一个稳定状态。此时 u_I 称为施密特触发器的下限触发转换电平(或负向阈值电压)U_{T-}。即

$$u_{I1} = U_{TH} = \frac{R_2}{R_1 + R_2}U_{T-} + \frac{R_1}{R_1 + R_2}U_{DD}(在转换瞬间 u_O = U_{DD})$$

将 $U_{DD} = 2U_{TH}$ 代入可得

$$U_{T-} = \left(1 - \frac{R_1}{R_2}\right)U_{TH} \qquad (6-3)$$

此后 u_I 继续下降，电路将保持状态不变，仍然 $u_O \approx 0$。

3. 工作波形与电压传输特性

施密特触发器从一个稳态转换到另一个稳态需要的输入电压不同，所以有两个阈值电压，称为施密特触发器的滞后特性，将 U_{T+} 与 U_{T-} 之差定义为回差电压，用 ΔU_T 表示，即

$$\Delta U_T = U_{T+} - U_{T-} = 2\frac{R_1}{R_2}U_{TH} = \frac{R_1}{R_2}U_{DD} \qquad (6-4)$$

可见，回差电压的大小与 R_1、R_2 比值有关，且 $R_1 < R_2$，否则电路自锁将不能正常工作。施密特触发器工作波形及电压传输特性如图 6-6 所示。

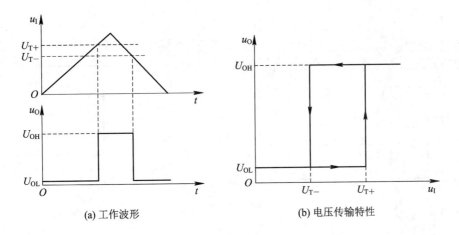

(a) 工作波形　　　　　　　　　　　　(b) 电压传输特性

图 6 - 6　施密特触发器

6.3.2　由 555 定时器构成的施密特触发器

1. 电路组成

将 555 定时器的触发输入端②脚$\overline{\text{TR}}$和⑥脚 TH 连在一起，从③脚 OUT 端输出 u_O，就构成了施密特触发器，电路及逻辑符号如图 6 - 7 所示，为了提高基准电压的稳定性，可以在 U_{CO} 控制端对地接一个 0.01 μF 的滤波电容。

由 555 定时器构成的施密特触发器和集成施密特触发器及施密特触发器应用

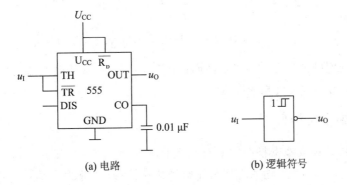

(a) 电路　　　　　　　　　　　　(b) 逻辑符号

图 6 - 7　由 555 定时器构成施密特触发器

2. 工作原理

为了分析方便，假设输入图 6 - 8(a)由 555 定时器构成施密特触发器工作波形所示的正弦波信号，工作原理如下：

(1) 当 $u_I < \dfrac{1}{3}U_{CC}$ 时，555 定时器输出 u_O 为高电平，即 $u_O = 1$。

(2) 当 $1/3U_{CC} < u_I < 2/3U_{CC}$ 时，555 定时器输出保持不变，即 $u_O = 1$。

(3) 当 $u_I \geqslant 2/3U_{CC}$ 时，电路翻转，定时器输出 $u_O = 0$，此时的 u_I 值称为复位电平或上限阈值电压 U_{T+}。

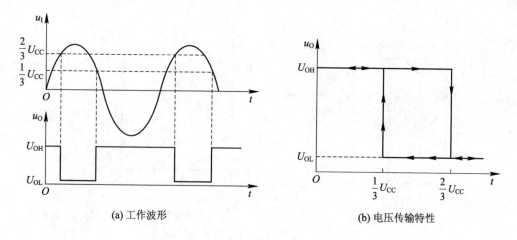

(a) 工作波形　　　　　　　　　(b) 电压传输特性

图 6 - 8　555 定时器构成施密特触发器

（4）当 u_I 继续上升，电路保持原态；当 u_I 下降时，但在未降到 $1/3U_{CC}$ 以前，电路输出状态不变。

（5）当 $u_I \leqslant 1/3U_{CC}$ 时，输出 u_O 由低电平跳变到高电平，此时的 u_I 值称为置位电平或下限阈值电压 U_{T-}。

（6）当 u_I 继续下降，然后再升高，但在未到达 $2/3U_{CC}$ 以前，电路输出状态不变。

3. 滞回特性

上限阈值电压 U_{T+} 与下限阈值电压 U_{T-} 的差值为回差电压或滞回电压，即

$$\Delta U_T = U_{T+} - U_{T-} = \frac{2}{3}U_{CC} - \frac{1}{3}U_{CC} = \frac{1}{3}U_{CC} \qquad (6-5)$$

如果在图 6 - 7(a) 中⑤脚 U_{CO} 加控制电压 U_s，则 $U_{T+} = U_s$、$U_{T-} = \frac{1}{2}U_s$、$\Delta U_T = \frac{1}{2}U_s$，而且改变 U_s，它们的值也随之改变。即回差电压越大，施密特触发器的抗干扰能力越强，但施密特触发器的灵敏度会相应降低。

6.3.3　集成施密特触发器

常用的 CMOS 集成施密特触发器有六反相施密特触发器 CD40106，其芯片引脚图如图 6 - 9 所示。CD4093 是二输入端四与非施密特触发器，其芯片引脚图如图 6 - 10 所示。

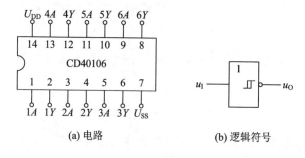

(a) 电路　　　　　　　　(b) 逻辑符号

图 6 - 9　CD40106 引脚图

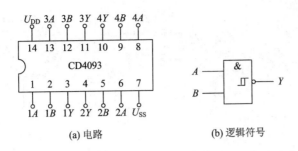

图 6-10　CD4093 引脚图

常用的 TTL 集成施密特触发器有六反相施密特触发器 7414 和 74LS14，7414 引脚图如图 6-11 所示。二输入端四与非施密特触发器 74132 和 74LS132，74132 引脚图如图 6-12 所示。TTL 与非门施密特触发器的特点是即使输入信号的边沿变化非常缓慢，电路也可以正常工作，对于阈值电压和滞回电压均有温度补偿，此外，带负载能力和抗干扰能力强。

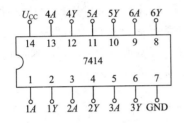

图 6-11　7414 引脚图

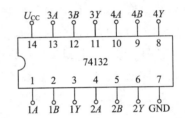

图 6-12　74132 引脚图

6.3.4　施密特触发器的应用

1. 波形变换

将变化缓慢的波形变换成矩形波（如将三角波或正弦波变换成同周期的矩形波），如图 6-13 所示。

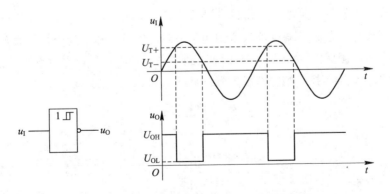

图 6-13　用施密特触发器实现矩形脉冲变换

2. 脉冲整形

在数字系统中，矩形脉冲经传输后往往发生波形畸变，或者产生边沿振荡等。通过施密特触发器整形可以获得比较理想的矩形脉冲波形，如图 6-14 所示。

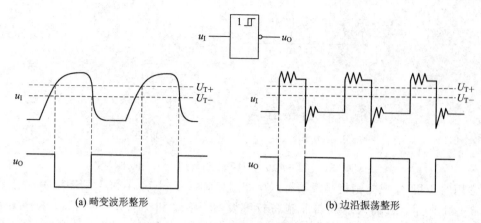

(a) 畸变波形整形   (b) 边沿振荡整形

图 6-14　用施密特触发器实现脉冲整形

3. 脉冲幅度鉴别

当施密特触发器的输入信号是一串幅度不等的脉冲时，可以通过调整电路的 U_{T+} 和 U_{T-}，使只有当输入信号中幅度超过 U_{T+} 的脉冲才能使施密特触发器翻转，从而得到所需要的矩形脉冲信号。即施密特触发器可以将输入信号中幅度大于 U_{T+} 的脉冲输出，而将幅度小于 U_{T-} 的脉冲剔除，具有脉冲幅度鉴别能力，如图 6-15 所示。

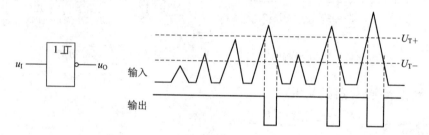

图 6-15　用施密特触发器实现幅度鉴别

4. 构成多谐振荡器

施密特触发器的特点是电压传输具有滞后性，如果能使它的输入电压在 U_{T+} 和 U_{T-} 之间不停地往复变化，在输出端就可以得到矩形脉冲，因此，利用施密特触发器外接 RC 电路就可以构成多谐振荡器，如图 6-16 所示。利用输出端的高低电平对电容 C 进行充放电，以改变 u_I 的电压，从而控制施密特触发器的状态转换。

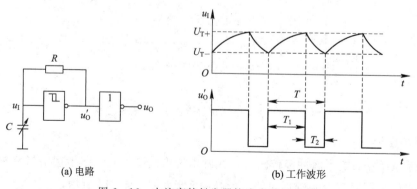

(a) 电路   (b) 工作波形

图 6-16　由施密特触发器构成多谐振荡器

6.4　多谐振荡器

多谐振荡器是一种矩形脉冲信号发生器，由于矩形波中含有丰富的高次谐波分量，所以称为多谐振荡器。它的工作特点：一是不需输入信号；二是无稳定状态，只有两个暂稳态。它是通过电容的充电和放电，使两个暂稳态相互交替，从而产生自激振荡，输出周期性的矩形脉冲信号，所以多谐振荡器是无稳态电路。

6.4.1　由门电路构成的多谐振荡器

一种 CMOS 门电路组成的多谐振荡器电路如图 6-17(a)所示，工作过程如下：

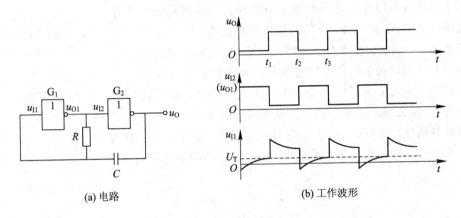

(a) 电路　　　　　　　　　　　(b) 工作波形

图 6-17　由 CMOS 门电路组成的多谐振荡器

1) 第一暂稳态及其自动翻转的工作过程

接通电源后，电容 C 尚未充电，假设电路 u_{O1} 为高电平 1，u_O 为低电平 0，此时为第一暂稳态。由于 u_{O1} 为高电平 1，经电阻 R 对电容 C 充电，随着充电时间增加，u_{I1} 将上升，当 u_{I1} 上升到 CMOS 反相器的阈值电压 U_T 时，电路产生正反馈，即

$$u_{I1} \uparrow \ \rightarrow \ u_{O1} \downarrow \ \rightarrow \ u_O \uparrow \ \rightarrow \ u_{I1} \uparrow$$

结果迅速使 u_{O1} 为低电平 0，u_O 为高电平 1，电路在 t_1 时刻进入第二暂稳态。

2) 第二暂稳态及其自动翻转的工作过程

在 t_1 时刻电路进入第二暂稳态，u_O 由 0 变为 1，由于电容电压不能跃变，故 u_{I1} 必定跟随 u_O 发生正跳变，于是 $u_{I2}(u_{O1})$ 由 1 变为 0。这个低电平保持 u_O 为 1，以维持已进入的这个暂稳态。在这个暂稳态期间，电容 C 通过电阻 R 放电，使 u_{I1} 逐渐下降。在 t_2 时刻，u_{I1} 下降到门电路的阈值电压 U_T 时，电路产生正反馈，即

$$u_{I1} \downarrow \ \rightarrow \ u_{O1} \uparrow \ \rightarrow \ u_O \downarrow \ \rightarrow \ u_{I1} \downarrow$$

$u_{O1}(u_{I2})$ 由 0 变为 1，u_O 由 1 变为 0。同样由于电容电压不能跃变，故 u_{I1} 跟随 u_O 发生负跳变，于是 $u_{I2}(u_{O1})$ 由 0 变为 1。这个高电平保持 u_O 为 0。至此，又回到第一个暂稳态。工作波形如图 6-17(b)所示。

根据 RC 电路过渡过程分析可知，多谐振荡器周期为

$$T = RC\ln 4 \approx 1.4RC \qquad\qquad (6-6)$$

从上式可以看出，带有延迟电路的多谐振荡器，其频率取决于 RC 的值。通常，用电容粗调振荡频率，用电阻 R 细调振荡频率。

6.4.2　石英晶体多谐振荡器

由门电路构成的多谐振荡器的共同特点就是振荡频率不稳定，容易受温度、电源电压变化和 RC 参数误差的影响。而在数字系统中，矩形脉冲信号常用作时钟信号，控制和协调整个系统的工作。因此，控制信号频率不稳定会直接影响到系统的工作，显然由门电路构成的多谐振荡器不能满足要求，需采用频率稳定度很高的石英晶体多谐振荡器。

由门电路和石英晶体
构成多谐振荡器

石英晶体具有很好的选频特性。当振荡信号的频率和石英晶体的固有谐振频率 f_0 相同时，石英晶体呈现很低的阻抗，信号很容易通过，而其他频率的信号则被衰减掉。因此，可将石英晶体接在多谐振荡器的回路中就可组成石英晶体振荡器，这时振荡频率只取决于石英晶体的固有谐振频率 f_0，而与 RC 无关。

在对称式多谐振荡器电路中，接一块石英晶体，就可以构成一个石英晶体振荡器电路，如图 6-18 所示。当电路的振荡频率等于晶振的固有谐振频率 f_0 时，频率 f_0 的电压信号最容易通过晶振和 C_2 所在支路形成正反馈，促使电路产生振荡。该电路将产生稳定度极高的矩形脉冲信号，其振荡频率由石英晶体的固有谐振频率 f_0 决定，如图 6-19 所示。

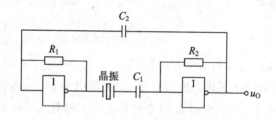

图 6-18　石英晶体多谐振荡器

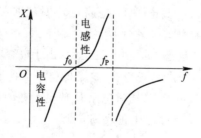

图 6-19　石英晶体阻抗频率特性

电子钟几乎都采用具有石英晶体振荡器的矩形波发生器。通常选用振荡频率为 32768 Hz 的石英晶体多谐振荡器，因为 $32768 = 2^{15}$，将 32768 Hz 经过 15 次二分频后，即可得到 1 Hz 的时钟脉冲作为计时标准。由于它的频率稳定度很高，所以走时准确。

6.4.3　由 555 定时器构成的多谐振荡器

1. 电路组成

如图 6-20(a)所示为由 555 定时器构成的多谐振荡器，外接 R_1、R_2 和 C 为多谐振荡器的定时元件，2 脚 $\overline{\text{TR}}$ 端和 6 脚 TH 端连接在一起并对地外接电容 C，7 脚放电三极管 V_T 的集电极接 R_1、R_2 的连接点。

由 555 定时器构成的
多谐振荡器

2. 工作过程

设电路中电容两端的初始电压为 0，当 $u_C = U_{\text{TH}} = U_{\text{TR}} < 1/3U_{\text{CC}}$，输出端为高电平，$u_O = U_{\text{CC}}$，放电三极管截止。电源 U_{CC} 对电容 C 充电，充电回路为 $U_{\text{CC}} \rightarrow R_1 \rightarrow R_2 \rightarrow C \rightarrow$ 地，使 U_C 逐级升高。当 $u_C < 2/3U_{\text{CC}}$ 时，电路仍保持原态，输出为高电平。

随着电容充电，u_C 继续升高，当 $u_C > 2/3U_{\text{CC}}$，电路状态翻转，输出为低电平，即 $u_O = 0$。此时放电端导通，电容通过三极管 V_T 放电，放电回路为 $C \rightarrow R_2 \rightarrow V_T \rightarrow$ 地，使 u_C 逐渐下降。当 $u_C < 1/3U_{\text{CC}}$ 时，电路状态翻转，输出为高电平，放电端断开，电容 C 又开始充电，重复上述过程形成振荡，输出电压为连续的矩形波，其工作波形如图 6-20(b)所示。

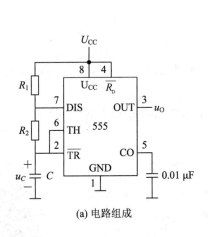

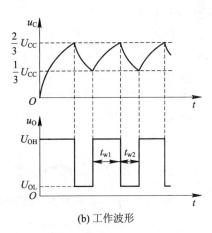

(a) 电路组成　　　　　　　(b) 工作波形

图 6-20　由 555 定时器构成的多谐振荡器

3. 输出脉冲周期

电容充电形成的第一暂态时间为 $t_{w1} = 0.7(R_1 + R_2)C$；电容放电形成的第二暂态时间为 $t_{w2} = 0.7R_2C$；所以，电路输出脉冲周期为 $T = t_{w1} + t_{w2} = 0.7(R_1 + 2R_2)C$；频率为 $f = 1/T = 1/0.7(R_1 + 2R_2)C$。

4. 占空比可调的多谐振荡器电路

占空比可调的多谐振荡器电路是一种占空比($q = T_1/T$)可调的电路方案，该电路因加入了二极管 V_{D1} 和 V_{D2}，使电容的充电与放电回路隔离开来，可以调节电位器改变电路的充、放电时间常数。若调节电位器使 $R_A = R_B$，可获得 50% 的占空比，如图 6-21 所示。

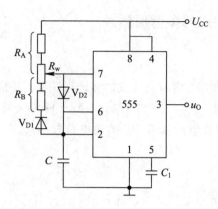

图 6-21　占空比可调的多谐振荡器

6.5　单稳态触发器

单稳态电路是指电路的输出信号只能在一种逻辑状态下是稳定的，而当电路的输出处在另一种状态时不能稳定保持，会自动地回到稳定的状态。

单稳态电路的特点是：

（1）有一个稳定状态和一个暂稳定状态；

（2）在触发脉冲的作用下，能由稳定状态翻转到暂稳定状态；

（3）暂稳定状态维持一段时间后，它将自动返回到稳定状态，暂稳态时间的长短与触发脉冲无关，仅取决于电路本身的参数。

单稳态触发器的种类很多，下面介绍由门电路构成的单稳态触发器、由 555 定时器构成的单稳态触发器和集成单稳态触发器。

6.5.1　由门电路构成的单稳态触发器

图 6-22 是用 CMOS 门电路和 RC 微分电路构成的微分型单稳态触发器。对于 CMOS 电路，可以近似地认为 $U_{OH} \approx U_{DD}$、$U_{OL} \approx 0$，而且通常 $U_{TH} \approx \frac{1}{2} U_{DD}$。在稳态下 $u_I = 0$、$u_{I2} = U_{DD}$，故 $u_O = 0$、$U_{O1} = U_{DD}$，电容 C 上没有电压。

由门电路构成单稳态触发器

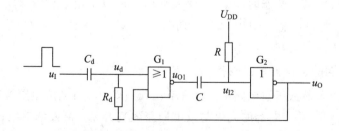

图 6-22　CMOS 或非门微分型单稳态触发器

当触发脉冲没有到来时，输入 u_I 为 0，因 U_{DD} 经电阻 R 接 G_2 的输入端，所以 u_{I2} 为高电平，输出 u_O 为低电平，反馈到 G_1 门的输入端，G_1 的两个输入端均为 0，G_1 输出为高电平，电容 C 两端等电位，所以在触发信号到来之前，该电路一直处于 u_O 稳态；假设当 $u_O=1$ 时，即高电平时，经 G_1 门输出为低电平，电源 U_{DD} 会通过 R 对 C 进行存电，当充电电压使 u_{I2} 达到 U_{TH} 时，则 $u_O=0$，即如果稳态 $u_O=1$ 为高电平，这个高电平是不能保持的，所以稳态 $u_O=0$ 为低电平。

当触发脉冲加到输入端时，由于电容 u_d 两端的电压不能突变，所以将引发下面的正反馈过程：

$$u_d \uparrow \longrightarrow u_{O1} \downarrow \longrightarrow u_{I2} \downarrow \longrightarrow u_O \uparrow$$

u_d 会随着触发脉冲的输入迅速提升，当升高到 G_1 门的输入阈值电压时，略再上升一点，则 u_{O1} 迅速下降，由于电容 C 两端电压也不能突变，所以 u_{I2} 随之下降，导致 u_O 上升，u_O 通过反馈线连接到 G_1 门的输入端，形成正反馈，使 u_O 迅速跳变为高电平，进入暂稳态，即使 u_I 回到低电平亦可保持，所以触发脉冲可以是一个非常窄的触发脉冲。

与此同时，电容 C 开始充电，u_{I2} 升高，当 $u_{I2}=U_{TH}$ 时，将引发另一个正反馈过程：

$$u_{I2} \uparrow \longrightarrow u_O \downarrow \longrightarrow u_{O1} \uparrow$$

u_I 回到低电平，u_{O1}、u_{I2} 迅速跳变为高电平，u_O 返回低电平。由于 C 刚才在充电，再加上正反馈完成 u_{O1} 输出为 u_{OH}，使得 u_{I2} 电压高于 U_{DD}。所以当输出返回 $u_O=0$ 时，电容 C 通过电阻 R 和 G_2 门的输入保护电路向 U_{DD} 放电，直至电容上的电压为 0，$u_{I2}=u_{DD}$，电路恢复到稳定状态。电路中各点变化波形如图 6-23 所示，t_{re} 为恢复时间，t_W 是输出脉冲宽度，即电容 C 的充电时间。

依据电路三要素定理可得

$$t_W = RC\ln \frac{u_c(\infty) - u_c(0)}{u_c(\infty) - U_{TH}} \tag{6-7}$$

将 $u_c(0)=0$、$u_c(\infty)=U_{DD}$、$U_{TH}\approx\frac{1}{2}U_{DD}$ 代入上式得输出脉冲宽度 t_W 为

$$t_W = RC\ln \frac{U_{DD}-0}{U_{DD}-U_{TH}} = RC\ln 2 \approx 0.7RC \tag{6-8}$$

从暂稳态电路结束到电路恢复到稳态初始值所需时间 t_{re}，即电容 C 放电时间为 $t_{re}\approx 3\tau d$，其中 τd 为电容 C 放电过程时间常数。

为保证单稳态电路能正常工作，要求在第一个触发脉冲作用后，必须等待电路恢复到稳态初始值才可以输入第二个触发脉冲。所以，触发脉冲工作的最小周期 $T_{min}>t_W+t_{re}$，则电路的最高工作频率为

$$f_{max} = \frac{1}{T_{min}} < \frac{1}{t_W + t_{re}} \tag{6-9}$$

这里仅介绍了微分型单稳态触发器，关于积分型单稳态触发器可查阅资料自主学习。

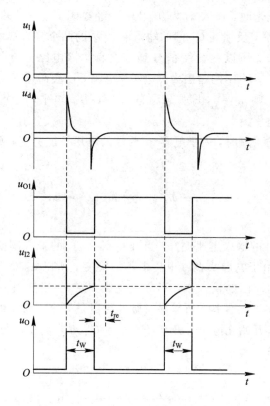

图 6-23　CMOS 微分型单稳态电路工作波形

6.5.2　由 555 定时器构成的单稳态触发器

1. 电路组成

单稳态触发器电路的构成形式很多，由 555 定时器构成的单稳态触发器如图 6-24 所示，将 555 定时器的触发输入端 2 脚 $\overline{\text{TR}}$ 作为触发信号 u_1 输入端，7 脚放电管 V_T 的集电极与 6 脚 TH 端相连，并接在 R、C 之间，便构成了单稳态触发器。R、C 是定时元件，该电路在输入脉冲的下降沿触发。

由 555 构成
单稳态触发器

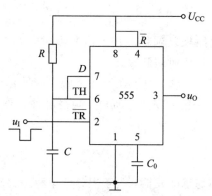

图 6-24　由 555 定时器构成的单稳态触发器

2. 工作原理

以图 6-24 中输入触发信号 u_I 为例，分析电路工作原理。

1）稳态

未加入触发脉冲时，u_I 为高电平($u_I > U_{CC}/3$)，设电容初始状态 $u_C = 0(U_{TH} < 2U_{CC}/3)$，根据电路可知，555 定时器输出保持原态不变。显然，电路只有在电容 C 端电压保持在 0 V 压降时，才有稳定输出，即只有放电管饱和导通时，电容电压被钳制在 0 电位，不能被充电，所以稳态输出应为低电平 $u_O = 0$。

2）暂稳态

当输入 u_I 的负脉冲到来时，$u_I < U_{CC}/3$，低电平，电路状态翻转，输出 $u_O = 1$，进入暂稳态。这时放电三极管 V_T 截止，电源通过电阻 R 向电容 C 充电，u_C 电压升高。

3）自动返回稳定状态

随着电容充电，当 u_C 上升到 $u_C \geq 2U_{CC}/3$ 时(负触发脉冲已结束，$u_I > U_{CC}/3$)，电路输出低电平，$u_O = 0$，电路由暂稳态变为稳态，这时，放电三极管 V_T 导通，电容 C 放电，使得 $u_C = 0$，电路一直处于稳定状态，输出为低电平。

在下一个触发脉冲来到时，电路重复上述过程，单稳态触发器工作波形图如图 6-25 所示。

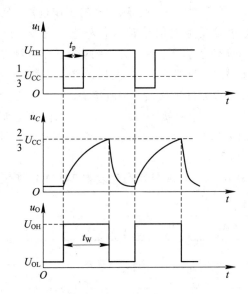

图 6-25　单稳态触发器工作波形图

3. 输出脉冲宽度估算

单稳态触发器的输出脉冲宽度 t_W 即为暂稳态维持的时间，它实际上为电容上的电压 u_C 从 0 充电到 $2/3U_{CC}$ 所需时间，根据三要素法可用下式进行估算：

$$t_W = RC \ln \frac{U_{CC}}{U_{CC} - \frac{2}{3}U_{CC}}$$

$$= RC \ln 3 \approx 1.1RC$$

上式说明，该电路输出脉冲宽度 t_w 仅取决于外接定时元件 R 和 C 的数值，而与电源电压无关。通常外接电阻 R 的取值范围为几百欧姆到几兆欧姆，外接电容 C 的取值为几百皮法到几百微法，所以脉冲宽度 t_w 为几微秒到几分钟，精度可达 0.1%。这种单稳态触发器要求输入触发负脉冲宽度小于输出脉宽 t_w，否则 t_w 将不再由电路的参数决定，而仅由 u_1 负脉冲宽度的大小决定，且二者相等，此时电路的输出和输入逻辑反相，相当于一个反相器电路。

6.5.3　集成单稳态触发器

单稳态触发器被广泛应用于脉冲整形、延时（产生滞后于触发脉冲的输出脉冲）以及定时（产生固定时间宽度的脉冲信号）等，因此在 TTL 和 COMS 电路产品中，都产生了单片集成的单稳态触发器器件。将元器件集成于同一芯片上，并且在电路上采取了温漂补偿措施，所以电路的温度稳定性比较好，同时使用这些器件只需要外接很少的元件和连线，使用极为方便。根据电路及工作状态不同，集成单稳态触发器可分为不可重复触发和可重复触发单稳态触发器两类。

1. 不可重复触发单稳态触发器

不可重复触发单稳态触发器就是单稳态触发器一旦被触发进入暂稳态后，再加入触发信号不会影响单稳态触发器的工作过程，必须在暂稳态结束之后，才能再接受触发信号转入暂稳态。图 6 - 26 为 TTL 集成单稳态触发器 74121 引脚图，A_1、A_2 是两个下降沿触发输入端，B 是上升沿触发信号输入端，Q 和 $\bar{Q}$ 是两个互补输出端，

集成单稳态
触发器及应用

R_{ext}/C_{ext}、C_{ext}、R_{int} 是外接阻容元件连接端。一般接法时，9 脚悬空不接，10 脚和 11 脚之间接定时电容，如果是电解电容则正极接 10 脚，外接定时电阻接到 11 脚和电源之间；当输出脉冲宽度很小时，可用内部电阻 $R_{int} = 2\ k\Omega$，则使 9 脚接电源即可。集成单稳态触发器 74LS121 功能表如表 6 - 2 所示。

表 6 - 2　集成单稳态触发器 74121 功能表

输　　入			输　　出	
A_1	A_2	B	Q	$\bar{Q}$
0	×	1	0	1
×	0	1	0	1
×	×	0	0	1
1	1	×	0	1
1	↓	1	⊓	⊔
↓	1	1	⊓	⊔
↓	↓	1	⊓	⊔
0	×	↑	⊓	⊔
×	0	↑	⊓	⊔

注意：表中"↑"表示时钟信号为上升沿；"↓"表示下降沿；"⊓"表示正脉冲；"⊔"表示负脉冲。

　　输出脉冲宽度为 $t_w \approx R_{ext} C_{ext} \ln 2 = 0.69 R_{ext} C_{ext}$，通常 R_{ext} 的取值在 $2\sim20$ kΩ 之间，C_{ext} 的取值在 10 pF~10 μF 之间，因此 t_w 范围为 20 ns~200 ms，此外无需得到较宽输出脉冲时，还可用 74LS121 内部电阻 $R_{int}=2$ kΩ 取代外接电阻，以简化电路。

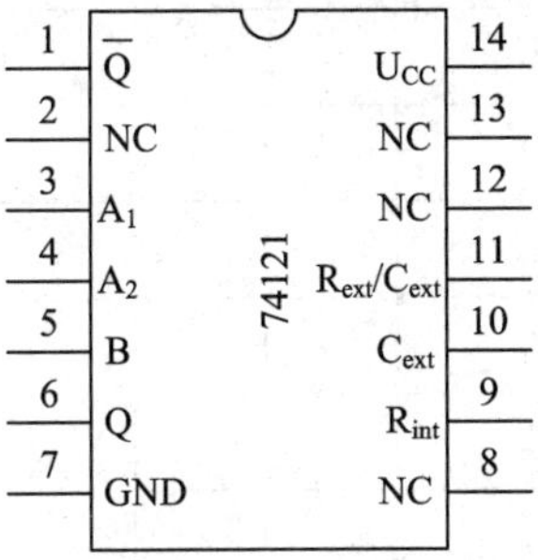

图 6 - 26　集成单稳态触发器 74121 引脚图

2. 可重复触发单稳态触发器

　　可重复触发单稳态触发器就是单稳态触发器被触发进入暂稳态后，如果再加入触发脉冲，单稳态触发器将重新被触发，使输出脉冲再继续维持一个脉冲宽度。如图 6 - 27 是 74122 芯片引脚图，$\overline{A_1}$、$\overline{A_2}$ 是两个下降沿触发输入端，B_1、B_2 是上升沿触发信号输入端，$\overline{CLR}$ 低电平有效地清零端，也可以做触发输入端使用，Q 和 $\overline{Q}$ 是两个互补输出端，R_{ext}/C_{ext}、C_{ext}、R_{int} 是外接阻容元件连接端，接法同 74121。74122 功能表如表 6 - 3 所示，从表中可以看出，在输出脉冲结束之前，重

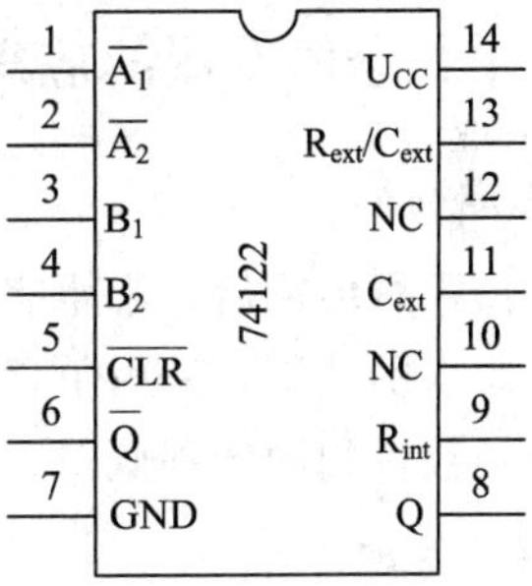

图 6 - 27　集成单稳态触发器 74122 引脚图

新输入触发信号，就可以延迟输出脉冲的时间，$\overline{CLR}$ 用作直接复位功能时，能立即结束暂稳态，使其返回到稳态。

表 6 - 3　集成单稳态触发器 74122 功能表

输　　　入					输　　出	
$\overline{CLR}$	$\overline{A_1}$	$\overline{A_2}$	B_1	B_2	Q	$\overline{Q}$
0	×	×	×	×	0	1
×	1	1	×	×	0	1
×	×	×	0	×	0	1
×	×	×	×	0	0	1
1	0	×	↑	1	⊓	⊔
1	0	×	1	↑	⊓	⊔

续表

输入					输出	
$\overline{CLR}$	$\overline{A_1}$	$\overline{A_2}$	B_1	B_2	Q	$\overline{Q}$
1	×	0	↑	1	⎍	⎍̄
1	×	0	1	↑	⎍	⎍̄
↑	0	×	1	1	⎍	⎍̄
↑	×	0	1	1	⎍	⎍̄
1	1	↓	1	1	⎍	⎍̄
1	↓	1	1	1	⎍	⎍̄
1	↓	1	1	1	⎍	⎍̄

注：表中"↑"表示时钟信号为上升沿；"↓"表示下降沿；"⎍"表示正脉冲；"⎍̄"表示负脉冲。

常用的集成单稳态触发器还有 74LS123、CD4538、CD4098 和 CC14528 芯片等。

6.5.4 单稳态触发器的应用

1. 脉冲整形

经过长距离传输后，脉冲信号的边沿会变差或波形上叠加某些干扰，利用整形可使其变成符合要求的波形。采用单稳态触发器对输入脉冲信号进行整形，便可在单稳态触发器输出端得到数目相同的规则脉冲信号。

2. 脉冲定时

由于单稳态触发器能产生一定脉冲宽度 t_W 的矩形脉冲，若利用此脉冲作为定时信号去控制某一电路，使其在脉冲宽度 t_W 持续期内动作或不动作，可实现定时功能。通过调节外接定时元件 R 或 C 改变控制时间的长短。单稳态电路用于脉冲定时的典型电路及工作波形如图 6-28 所示，u_I 是触发信号，使单稳态触发器输出宽度为 t_W 的正矩形脉冲 CP。利用 u_{O1} 打开与门使计时信号 CP 传输到 u_O，即只有在 t_W 时间内，CP 才能通过与门，从而达到定时目的。如果在与门输出端接一个计数器，并且使 $t_W = 1$ s，则计数器的读数就是 u_I 的频率。

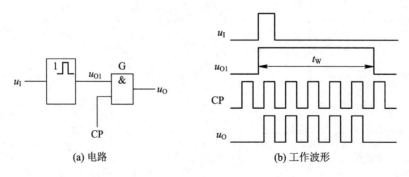

(a) 电路　　　　　　　　(b) 工作波形

图 6-28　用单稳态触发器实现脉冲定时

3. 脉冲延时

脉冲延迟电路一般要用两个首尾相接的单稳态触发器来完成，其电路及工作波形如图 6-29(a) 和图 6-29(b) 所示，图中，单稳态触发器 I 产生脉宽 t_{w1} 的矩形脉冲 u_{O1}，单稳态触发器 II 利用 u_{O1} 下降沿触发产生脉宽 t_{w2} 的矩形脉冲 u_O，显然单稳态触发器 I 起了延迟作用，单稳态触发器 II 产生了输出脉冲。

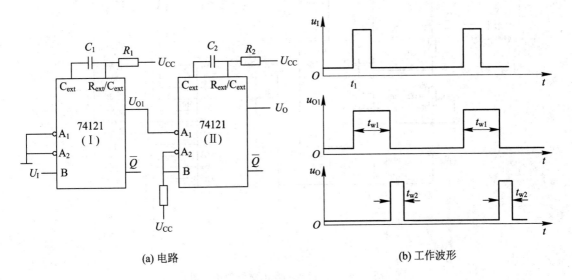

(a) 电路　　　　　　　　　　　　　(b) 工作波形

图 6-29　用单稳态触发器实现脉冲延迟

6.6　实训——彩灯控制器的设计与制作

1. 设计要求

采用 555 定时器和 CD4017 设计彩灯控制器，要求 10 个彩灯按照顺序发光。

2. 彩灯控制器的组成和工作原理

如图 6-30 所示，彩灯控制器电路由 555 定时器构成占空比可调的多谐振荡电路，产生输出时基脉冲，振荡频率在 6～50 Hz 范围可调，此信号作为 CD4017 计数输入信号，进行十进制计数后再译码输出，CD4017 输出高电平的顺序是 3、2、4、7、10、1、5、6、9、11 脚，依次使 10 个彩灯按排列顺序发光。各种发光方式可按自己的需要进行具体组合，若要改变彩灯的闪光速度，可改变电容 C_2 的大小。

3. 实训设备及器件

NE555、计数/译码 CD4017、二极管 IN4007、发光二极管、电位器、5～12 V 电源、印刷板、电阻、电容、按钮、导线若干。

4. 彩灯控制器电路的安装与调试

安装：安装前先检查元件好坏，防止已损元件安装在电路板上；焊接时要注意元件的极性，安装的顺序是先小型元件，然后中型元件，最后安装大型元件。

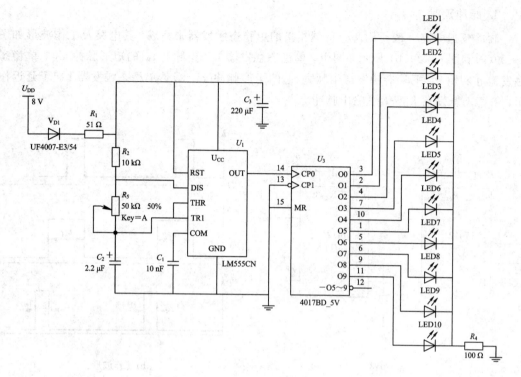

图 6-30　彩灯控制器电路原理仿真图

调试：焊接完毕后，对电路对照原理图逐一检查后，打开电源，进行调试，通过调节电位器使循环灯的速度发生快慢变化。

本 章 小 结

（1）定时器是一种多用途的集成电路。只需外接少量阻容元件便可构成施密特触发器、单稳态触发器和多谐振荡器等。此外，它还可组成其他多种实用电路。由于 555 定时器使用方便、灵活，有较强的负载能力和较高的触发灵敏度，因此在自动控制、仪器仪表、家用电器等许多领域都有着广泛的应用。

（2）施密特触发器有两个阈值电压。输入信号在增加过程中使输出电压产生跳变时所对应的输入电压称为正向阈值电压；而输入信号在减少过程中使输出电压产生跳变时所对应的输入电压称为负向阈值电压。

（3）多谐振荡器无需外加输入信号就能在接通电源后自行产生矩形波输出。在频率稳定性要求较高的场合通常采用石英晶体振荡器。

（4）单稳态触发器只有一个稳态，在触发脉冲作用下，电路会翻转到暂态。由于电路中 RC 延时环节的作用，电路会在触发信号消失后自动返回到稳态。电路的输出脉宽由 RC 延时环节参数值决定。单稳态触发器分为不可重复触发和可重复触发两类。在暂稳态期间，出现的触发信号对不可重复触发单稳态电路没有影响，而对可重复触发单稳电路可起到连续触发作用。

习　题　6

一、填空题

1. 施密特触发器的主要应用有 _____、_____、_____、_____。

2. 555 定时器构成施密特触发器的负向阈值电压 U_{T-} 为 _____，正向阈值电压 U_{T+} 为 _____。

3. 555 定时器可以构成 _____、_____ 和 _____。

4. 多谐振荡器可产生 _____ 信号。

5. 石英晶体多谐振荡器的突出优点是 _____。

二、简答题

555 时基电路主要由哪几部分构成？每部分作用是什么？

三、画图题

1. 已知如图 6-31 所示施密特触发器的输入波形，试画出输出波形。

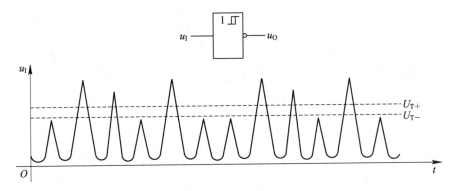

图 6-31　题图

2. 分析如图 6-32 所示 555 定时器组成什么电路，并在题中输出电压 u_O 的坐标上画出相应的输出波形。

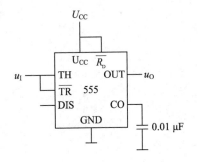
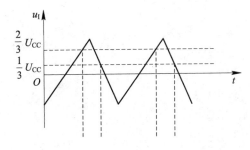

图 6-32　题图

四、计算题

1. 根据如图 6 - 24 所示单稳态触发器，输出定时时间为 1 s 的正脉冲，$R = 27$ kΩ，试确定定时元件 C 的取值。

2. 根据如图 6 - 24 所示单稳态触发器，已知 $R = 10$ kΩ，$C = 0.01$ μF 时，脉宽为多少？输入输出脉宽有何要求？

第 7 章　D/A 和 A/D 转换器

本章主要介绍 D/A 和 A/D 转换器的工作原理，重点讲述权电阻网络 D/A 转换器、倒 T 型电阻网络 D/A 转换器和并行比较型 A/D 转换器、逐次逼近型 A/D 转换器、双积分型 A/D 转换器，并讨论了 D/A 转换器和 A/D 转换器的主要性能指标。

7.1　概　　述

在工业检测与控制、数字测量、数字通信等领域，常常需要将模拟量转换成数字量，或将数字量转换成模拟量。在电子技术中，模拟量和数字量的转换是很重要的，这就需要一种能在模拟信号与数字信号之间起转换作用的电路——模/数转换器（A/D 转换器）和数/模转换器（D/A 转换器）。数/模转换即将数字量转换为模拟电量（电压

D/A 和 A/D 转换器

或电流），使输出的模拟电量与输入的数字量成正比。实现数/模转换的电路称数/模转换器（Digital to Analog Converter），简称 D/A 转换器或 DAC。模/数转换即将模拟电量转换为数字量，使输出的数字量与输入的模拟电量成正比。实现模/数转换的电路称模数转换器（Analog to Digital Converter），简称 A/D 转换器或 ADC。

自然界的物理信号大多是连续的模拟信号，如温度、湿度、声音、图像、压力和位移等。要使用计算机或数字仪表识别、处理这些模拟信号，必须将其转换为数字信号。这就首先需要通过传感器将其转换为模拟信号，再通过 A/D 转换器将其转换为由数字代码表示的离散的数字信号。而经数字处理系统分析、处理后输出的数字信号也往往需要通过 D/A 转换器将其转换为相应的模拟信号才能为执行机构所接收，A/D 和 D/A 转换器在控制系统中的应用如图 7-1 所示。

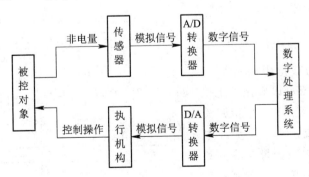

图 7-1　A/D 和 D/A 转换器在生产控制系统中的应用

为确保系统处理结果的精确度，要求 A/D 和 D/A 转化器必须具有足够的转换精度；为适应快速变化信号的实时控制与检测，还要求其具有较高的转换速度。所以转换精度和

转换速度是衡量 A/D 和 D/A 转换器的主要技术指标。随着集成技术的发展，现已研制和生产出许多单片和混合集成型的 A/D 和 D/A 转换器，它们具有先进的技术指标，转换速度和转换精度都有很大的提高。

7.2 D/A 转换器

7.2.1 D/A 转换器的基本原理

D/A 转换是将数字量转换为模拟量，并使输出模拟电压的大小与输入数字量的数值成正比。数字系统是按二进制表示数字的，n 位二进制数字量按权展开为

$$D = (D_{n-1}D_{n-2}\cdots D_1 D_0) = D_{n-1} \times 2^{n-1} + D_{n-2} \times 2^{n-2} + \cdots + D_1 \times 2^1 + D_0 \times 2^0$$

$$(7-1)$$

此时 D/A 转换器输出的模拟电压值为

$$u_O = \Delta D = \Delta(D_{n-1} \times 2^{n-1} + D_{n-2} \times 2^{n-2} + \cdots + D_1 \times 2^1 + D_0 \times 2^0) \quad (7-2)$$

式(7-2)中 Δ 是 DAC 能输出的最小电压值，称为 DAC 的单位量化电压，它等于 D 最低位(Least Significant Bit, LSB)为 1、其余各位均为 0 时的模拟输出电压(用 U_{LSB} 表示)。D 为输入数字信号。由此可见，D/A 转换器的基本原理是将数字量的每一位代码按其权值的大小分别转换成模拟量，然后将这些模拟量相加，即得到与数字量成正比的总模拟量。n 位 D/A 转换器方框图如图 7-2 所示。

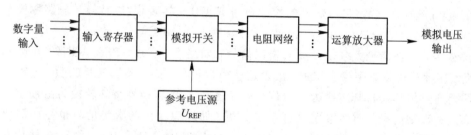

图 7-2 n 位 D/A 转换器方框图

7.2.2 权电阻网络 D/A 转换器

1. 电路组成

图 7-3 为 4 位权电阻网络 D/A 转换器电路图，由图可以看出，此类 D/A 转换器由权电阻网络、模拟开关和运算放大器组成，U_{REF} 为基准电压，电阻网络的权电阻数量与输入数字量的位数相同，取值与二进制各位的权成反比，每降低一位，电阻值增加一倍。

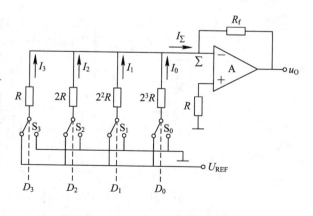

图 7-3 4 位权电阻网络 D/A 转换器

2. 工作原理

输入的数字量 $D = D_3 D_2 D_1 D_0$，D_3、D_2、D_1、D_0，分别控制模拟电子开关 S_3、S_2、S_1、S_0 的工作状态。当 D_i 为"1"时，开关 S_i 接通参考电压 U_{REF}，反之当 D_i 为"0"时，开关 S_i 接地。求和运算放大器总的输入电流为

$$I_\Sigma = I_0 + I_1 + I_2 + I_3$$

$$= \frac{U_{REF}}{2^3 R} D_0 + \frac{U_{REF}}{2^2 R} D_1 + \frac{U_{REF}}{2^1 R} D_2 + \frac{U_{REF}}{2^0 R} D_3$$

$$= (2^0 D_0 + 2^1 D_1 + 2^2 D_2 + 2^3 D_3) \frac{U_{REF}}{2^3 R}$$

$$= \frac{U_{REF}}{2^3 R} \sum_{i=0}^{3} 2^i D_i \qquad\qquad (7-3)$$

若运算放大器的反馈电阻 $R_f = \dfrac{R}{2}$，由于运算放大器的输入电阻无穷大，所以 $i_f = I_\Sigma$，则运算放大器的输出电压为

$$u_O = -i_f R_f = -\frac{R}{2} \times \frac{U_{REF}}{2^3 R} \sum_{i=0}^{3} 2^i D_i = -\frac{U_{REF}}{2^4} \sum_{i=0}^{3} 2^i D_i \qquad (7-4)$$

对于 n 位的权电阻 D/A 转换器，则有

$$u_O = -\frac{U_{REF}}{2^n} \sum_{i=0}^{n-1} 2^i D_i \qquad\qquad (7-5)$$

由此可见，电路的输出电压与输入的数字量成正比。当输入的 n 位数字量全为 0 时，输出的模拟电压为 0；当输入的 n 位数字量全为 1 时，输出的模拟电压为 $-U_{REF}\left(1 - \dfrac{1}{2^n}\right)$。所以输出电压的取值范围为 $0 \sim -U_{REF}\left(1 - \dfrac{1}{2^n}\right)$。

7.2.3　倒 T 型电阻网络 D/A 转换电路

D/A 转换的方法很多，有正 T 型和倒 T 型电阻网络 D/A 转换器等，这里只讨论 4 位倒 T 型电阻网络 D/A 转换器电路。

1. 电路组成

4 位倒 T 型电阻网络 D/A 转换器的电路组成如图 7-4 所示。它由模拟电子开关、基准电压、T 型电阻网络和运算放大器等组成。

模拟电子开关：4 个模拟电子开关 S_3、S_2、S_1、S_0 分别受相应数位的二进制代码所控制。当某位代码 $D_i = 1$ 时，对应位的电子开关 S_i 将该位阻值为 $2R$ 的电阻接到运算放大器的反相输入端；当某位代码 $D_i = 0$ 时，对应位的电子开关 S_i 将该位阻值为 $2R$ 的电阻接到运算放大器的同相输入端。由于同相输入端接地，因而运算放大器的反相输入端为"虚地"，它们的电压大小均为 0。

基准电压：基准电压 U_{REF} 是精度高、稳定性好的基准电源。

T 型电阻网络：T 型电阻网络由 R 和 $2R$ 电阻构成，由于只用 R 和 $2R$ 两种电阻元件，因而电路在进行转换时容易保证精度。

运算放大器：它的作用是对各位代码所对应的电流进行求和，并将其转换成相应的模

拟电压输出。

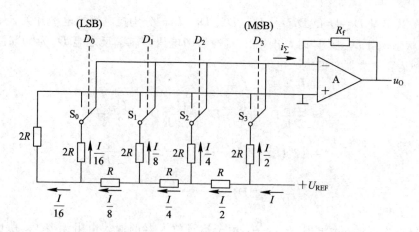

图 7 - 4　4 位倒 T 型电阻网络 D/A 转换器的电路组成

2. 工作原理

在倒 T 型电阻网络 D/A 转换器中，模拟电子开关不是接地（接同相输入端），就是接虚地（接反相输入端），所以无论输入代码 $D_3 D_2 D_1 D_0$ 是何种情况，T 型电阻网络的等效电路如图 7 - 5 所示。因为该电路等效电阻值是 R，所以由基准电压 U_{REF} 向倒 T 型电阻网络提供的总电流 I_{REF} 是固定不变的，其值为 $I_{REF} = \dfrac{U_{REF}}{R}$。

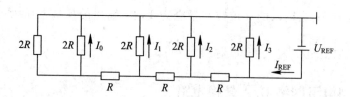

图 7 - 5　倒 T 型电阻网络的等效电路

根据分流原理，电流每流过一个节点，都进行分流，故倒 T 型电阻网络内各支路电流分别为 $I_3 = \dfrac{I_{REF}}{2}$、$I_2 = \dfrac{I_{REF}}{4}$、$I_1 = \dfrac{I_{REF}}{8}$、$I_0 = \dfrac{I_{REF}}{16}$。

当输入代码为 $D_3 D_2 D_1 D_0 = 1111$ 时，所有电子开关都将通过阻值为 $2R$ 的电阻接到运算放大器反相输入端，则流入反相输入端的总电流为

$$I_\Sigma = I_3 + I_2 + I_1 + I_0 = I_{REF} \left(\frac{1}{2} + \frac{1}{4} + \frac{1}{8} + \frac{1}{16} \right) \qquad (7 - 6)$$

当输入代码为任意值时，I_Σ 的一般表达式为

$$I_\Sigma = I_3 D_3 + I_2 D_2 + I_1 D_1 + I_0 D_0$$

$$= \frac{1}{2^4} \cdot I_{REF} (2^3 D_3 + 2^2 D_2 + 2^1 D_1 + 2^0 D_0)$$

$$= \frac{U_{REF}}{2^4 R} (2^3 D_3 + 2^2 D_2 + 2^1 D_1 + 2^0 D_0) \qquad (7 - 7)$$

当如图 7 - 4 所示电路中，若 $R_f = R$，则 I_Σ 经运算放大器运算后，输出电压 u_O 为

$$u_O = -I_\Sigma R_f = -\frac{U_{REF}}{2^4 R}(2^3 D_3 + 2^2 D_2 + 2^1 D_1 + 2^0 D_0)R_f$$

$$= -\frac{U_{REF}}{2^4}(2^3 D_3 + 2^2 D_2 + 2^1 D_1 + 2^0 D_0) \qquad (7-8)$$

推广到一般情况（即输入代码为 n 位二进制代码，且 $R_f = R$），输出电压为

$$u_O = -\frac{U_{REF}}{2^n}(D_{n-1} \times 2^{n-1} + D_{n-2} \times 2^{n-2} + \cdots + D_1 \times 2^1 + D_0 \times 2^0)$$

$$= -\frac{U_{REF}}{2^n}\sum_{i=0}^{n-1} 2^i D_i \qquad (7-9)$$

上式括号内为 n 位二进制数的十进制数值，用 N_B 表示，此时 D/A 转换器输出的模拟电压又可写为

$$u_O = -\frac{U_{REF}}{2^n}N_B \qquad (7-10)$$

由该式可见，输出的模拟电压 u_o 与输入的数字量成正比，比例系数为 $\frac{U_{REF}}{2^n}$，即完成了 D/A 转换。

3. 特点

（1）无论模拟开关位置是否改变，流过各支路的电流总和接近于恒定值；

（2）该 D/A 转换器只采用 R 和 $2R$ 两种电阻，具有动态性能好、转换速度快等优点，因此在集成芯片当中应用非常广泛。

7.2.4　集成 D/A 转换器

集成 D/A 转换器种类很多，常用的有 T 型电阻网络 D/A 转换器 AD7226、AD7520、MC1408、DAC1230、DAC0832、DAC0808 等，这里仅对 DAC0832 作简要介绍。DAC0832 是 8 位 D/A 转换器，内部结构和引脚功能如图 7-6 所示。它的内部主要由 8 位 R-$2R$ 倒 T 型译码网络、两个缓冲寄存器（输入寄存器和 D/A 转换器）、控制逻辑电路组成，外接运算放大器。

集成 DAC 和 DAC 主要参数

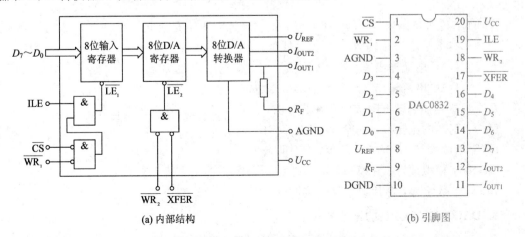

(a) 内部结构　　　　　　　(b) 引脚图

图 7-6　DAC0832 的内部结构和引脚功能

1. DAC0832 的内部结构

DAC0832 内部含有两级缓冲数字寄存器，即 8 位输入寄存器和 8 位 D/A 寄存器，它们均采用标准 CMOS 数字电路设计。8 位待转换的输入数据由 13～16 端及 4～7 端送入第一级缓冲寄存器，其输出数据送 D/A 寄存器。

如图 7-6(a)所示，输入寄存器由 $\overline{CS}$、$\overline{WR_1}$ 及 ILE 这三个信号控制。当 $\overline{CS}=0$ 时，若 ILE＝1，$\overline{WR_1}=0$，则数据进入输入寄存器；若 ILE＝0，$\overline{WR_1}=1$，则数据锁存在输入寄存器中。

D/A 寄存器由 $\overline{XFER}$、$\overline{WR_2}$ 两信号控制。当 $\overline{XFER}=0$、$\overline{WR_2}=0$ 时，输入寄存器的数据送入 D/A 寄存器，并送 D/A 转换器进行 D/A 转换。当 $\overline{XFER}$ 由"0"跳到"1"，或 $\overline{WR_2}$ 由"0"跳到 1 时，D/A 寄存器中数据被锁存，其转换结果保持在 D/A 转换器模拟输出端。

可见，数据在进入译码网络之前，必须经过两个独立控制的锁存器进行传输，因此有以下三个特点：

(1) 在一个系统中，任何一个 D/A 转换器都可以同时保存两组数据，即 D/A 寄存器中保存马上要转换的数据，输入寄存器中保存下一组数据。

(2) 允许在系统中使用多个 D/A 转换器，在微机系统中可与微机地址总线连接，作为转换地址入口。ILE 可以与微机控制总线连接，以执行微机发出的转换和数据输入的信息和指令。

(3) 通过输入寄存器的 D/A 转换寄存器逻辑控制，可实现同时更新多个 D/A 转换器输出。

2. DAC0832 的引脚功能

如图 7-6 所示，DAC0832 的引脚功能如下：

ILE：输入锁存允许信号，高电平有效。

$\overline{CS}$：片选信号。低电平有效，它与 ILE 结合起来用以控制 WR_1 是否作用。

$\overline{WR_1}$：写信号 1。低电平有效，在 $\overline{CS}$ 和 ILE 有效下，用它将数字量输入并锁存于输入寄存器中。

$\overline{WR_2}$：写信号 2。低电平有效，在 $\overline{XFER}$ 有效下，用它将输入寄存器中的数字传送到 8 位 D/C 寄存器中。

$\overline{XFER}$：传送控制信号，低电平有效，用它来控制 $\overline{WR_2}$ 是否起作用。

$D_0 \sim D_7$：8 位数字量输入，D_0 为最低位。

I_{OUT1}：DAC 电流输出 1。当输入全为 1 时，其电流最大。

I_{OUT2}：DAC 电流输出 2。其值与 I_{OUT1} 端电流之和为一常数。

R_F：反馈电阻。该电阻被内置在芯片内，用作运算放大器的反馈电阻。

U_{REF}：基准电压输入，一般为±5 V、±10 V。

U_{CC}：电源端，＋5 V～＋15 V，最佳取＋15 V。

AGND：模拟地，芯片模拟信号接地点。

DGND：数字地，芯片数字信号接地点。

3. DAC0832 与 CPU 的连接方式

DAC0832 与 CPU 的连接方式有三种，分别是双缓冲连接方式、单缓冲连接方式和直通连接方式。其工作方式通过控制逻辑电路来实现。具体连接方式如图 7-7 所示。

(1) 双缓冲连接方式：两个 8 位锁存器均处于受控锁存工作状态，如图 7-7(a)所示。

(2) 单缓冲连接方式：两个 8 位锁存器中，一个处于直通状态，另一个处于受控锁存状态，如图 7-7(b)所示。

(3) 直通连接方式：两个 8 位锁存器均处于直通工作状态，如图 7-7(c)所示。

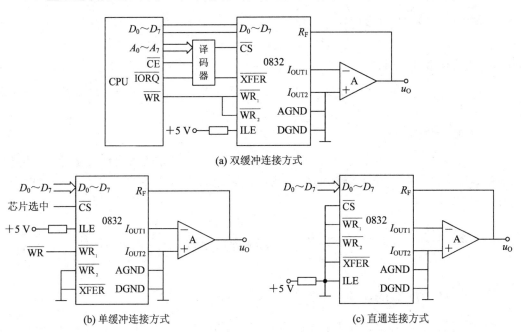

图 7-7　DAC0832 与 CPU 的连接方式

7.2.5　D/A 转换器的主要技术指标

1. 分辨率

D/A 转换器的分辨率是指对最小输出电压的分辨能力，可定义为输入数码只有最低有效位为 1 时的最小输出电压与输入数码所有有效位全为 1 时的满度输出电压之比。对一个 n 位的 D/A 转换器，假设最小输出电压为 U_{LSB}，满度输出电压为 U_{FSR}，则分辨率可表示为

$$分辨率 = \frac{U_{LSB}}{U_{FSR}} = \frac{1}{2^n - 1} \tag{7-11}$$

2. 转换误差

在 D/A 转换过程中，由于某些原因的影响，会导致转换过程中出现误差，这就是转换误差。它实际上是输出实际值与理论计算值的差。转换误差通常包括以下几种：

(1) 比例系数误差：当输入数字信号一定时，参考电压 U_{REF} 的偏差 ΔU_{REF} 可引起输出电压的变化，二者成正比，称为比例系数误差。

(2) 漂移误差或平移误差：这种误差多是由于运算放大器的零点漂移而使输出电压偏移造成的，其产生与输入数字量的大小无关，结果会使输出电压特性曲线向上或向下平移。

（3）非线性误差：由于模拟电子开关存在一定的导通内阻和导通压降，而且不同开关的导通压降不同，开关接地和接参考电源的压降也不同，故它们的存在均会导致输出电压产生误差；同时，电阻网络中电阻值的积累误差以及不同位置上电阻值受温度等影响的积累偏差对输出电压的影响程度是不一样的，以上这些性质的误差，均属于非线性误差。

3. 转换时间

转换时间也称为输出建立时间，是从输入数字信号时开始，到输出电压或电流达到稳态值时所需要的时间。

4. 温度系数

在满刻度输出的条件下，温度变化 $1℃$ 引起输出信号（电压或电流）变化的百分数，就是温度系数。

5. 电源抑制比

在 D/A 转换电路中，要求开关电路和运算放大器在使用的电源电压变化时，输出电压不应受到影响。通常将输出电压的变化量与相应电源电压的变化量之比，称为电源抑制比。

7.3 A/D 转换器

7.3.1 A/D 转换器的基本原理

A/D 转换器的
基本原理

模/数转换器即 A/D 转换器，或简称 ADC，通常是指一个将模拟信号转换为数字信号的电子元件。将模拟信号转换为数字信号时，必须在一系列选定的时间点对输入的模拟信号进行采样，然后再将采样值转换为数字量输出。

根据 A/D 转换器的工作方式不同，可将其分为比较式和积分式两大类。比较式 A/D 转换器的工作过程是将被转换的模拟信号与转换器内部产生的基准电压逐次进行比较，从而将模拟信号转换成数字信号；积分式 A/D 转换器是将转换的模拟信号进行积分，转换成中间变量，然后再将中间变量转换成数字信号。目前广泛应用的 A/D 转换器有并行比较型 A/D 转换器、逐次逼近型 A/D 转换器和双积分型 A/D 转换器。

整个 A/D 转换器工作过程通常包括采样、保持、量化、编码这 4 个步骤，如图 7-8 所示。

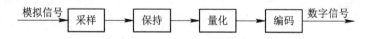

图 7-8 A/D 转换器工作过程示意图

1. 采样和保持

采样就是周期性地采取模拟信号的瞬时值，得到一系列的脉冲样值。通过采样，一个随时间连续变化的模拟信号就转换为一串等间距的脉冲信号了。

采样过程如图 7 - 9 所示。采样开关是一个受控的模拟开关,当采样脉冲 $S(t)$ 到来时,开关接通,采样器工作,其工作时间受 $S(t)$ 脉冲宽度 τ 控制,这时 $u_O(t)=u_I(t)$;当采样脉冲 $S(t)$ 一结束,开关就断开,此时 $u_O(t)=0$。采样器在 $S(t)$ 的控制下,把输入的模拟信号 $u_I(t)$ 变换成为脉冲信号 $u_O(t)$。为了便于量化和编码,需要将每次采样取样值暂存并保持不变,直到下一个采样脉冲到来。所以在采样电路之后,都要接一个保持电路,通常可以利用电容器的存储作用来完成这一功能。

采样信号 $S(t)$ 的频率越高,所采得的信号经低通滤波器后越能真实地复现输入信号。合理的采样频率由采样定理确定。采样定理:$f_S \geqslant 2f_{max}$,即采样信号 $S(t)$ 的频率 f_S 应大于或等于输入模拟信号频谱中最高频率 f_{max} 的 2 倍,一般取 $f_S=(3\sim5)f_{max}$。

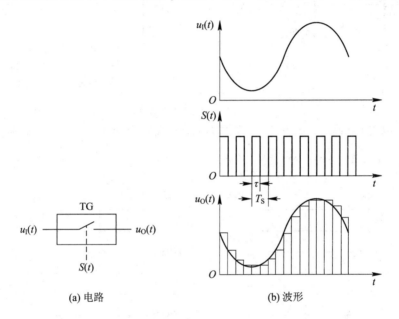

(a) 电路　　　　　　　　　　(b) 波形

图 7 - 9　采样电路及波形

实际上,采样和保持是一次完成的,统称为采样保持电路。图 7 - 10 是一个简单的采样保持电路。该电路由一个场效应管 V 构成的电子模拟开关、存储电容 C 和电压跟随器 A 组成。在采样脉冲 $S(t)$ 的作用下,当 $S(t)=1$ 时,V 导通,相当于开关闭合,输入模拟信号 $u_I(t)$ 经 V 向电容充电,电容充电时间常数要远小于采样脉冲宽度,这样,在采样脉冲宽度内,电容电压会随着输入模拟信号的变化而变化,运算放大器的输出电压 $u_O(t)$ 也将随着电容电压的变化而变化。当采样脉冲 $S(t)=0$ 时,采样结束,V 迅速截止,因其截止阻抗高($10^{10}\,\Omega$ 左右),运放输入阻抗也很高,所以电容漏电极小,电容电压在采样停止期间基本保持不变。当下一个取样脉冲到来时,V 又导通,电容电压又跟随输入模拟信号的变化而变化,获得新的采样保持信号。

2. 量化和编码

采样保持电路的输出信号虽然已成为阶梯形,但阶梯形的幅值仍然是连续变化的模拟量,为此要把采样保持后的阶梯信号按指定要求划分成某个最小量化单位的整数倍,这一过程称为量化。例如,把 0~1 V 的电压转换为 3 位二进制代码的数字信号,由于 3 位二进

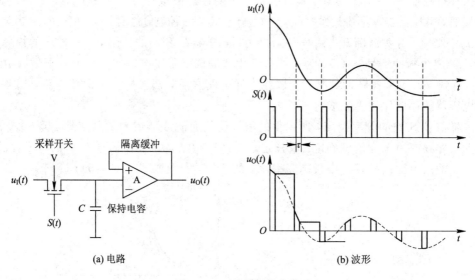

图 7 - 10　采样保持电路

制代码只有 $8(2^3)$ 个数值，因此必须把模拟电压分成 8 个等级，每个等级就是一个最小量化单位 Δ，即 1 LSB，$\Delta = \dfrac{1}{2^3} = \dfrac{1}{8}$ V，如图 7 - 11 所示。

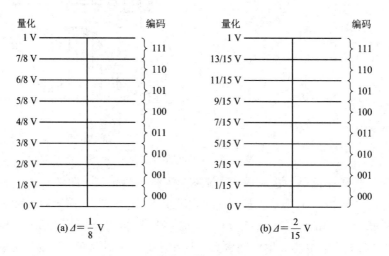

图 7 - 11　划分量化电平的两种方法

在量化过程中由于所采样电压不一定能被 Δ 整除，所以量化前后存在一定误差，此误差称为量化误差，用 ε 表示。量化误差属原理误差，它是无法消除的，A/D 转换器的位数越多，各离散电平之间的差值越小，量化误差越小。

二进制代码表示量化位的数值称为编码(用编码器来实现)。图 7 - 11(a)中 $0 \sim \dfrac{1}{8}$ V 之间的模拟电压归并为 $0 \times \Delta$，用 000 表示；$\dfrac{1}{8} \sim \dfrac{2}{8}$ V 之间的模拟电压归并为 $1 \times \Delta$，用 001 表示；$\dfrac{2}{8} \sim \dfrac{3}{8}$ V 之间的模拟电压归并为 $2 \times \Delta$，用 010 表示；等等。经过上述处理后，就将模拟量转变为以 Δ 为单位的数字量了，而这些代码就是 A/D 转换的输出结果。为减小量化误差，取最小量化单位 $\Delta=\dfrac{2}{15}$ V，如图 7-11(b) 所示，并将 $0\sim\dfrac{1}{15}$ V 之间的模拟电压归并为 $0\times\Delta$，用 000 表示。这时最大量化误差减小到 $\dfrac{1}{2}\Delta=\dfrac{1}{15}$ V，即把每个二进制代码代表的模拟电压值规定为它所对应的模拟电压范围的中点，最大量化误差缩小为 $\dfrac{1}{2}\Delta$。

7.3.2 并行比较型 A/D 转换器

1. 电路组成

并行比较型 A/D 转换器是一种高速模数转换电路，如图 7-12 所示为并行比较型 A/D 转换器的典型电路形式，它由电阻分压器、电压比较器、寄存器及编码器组成。U_{REF} 是基准电压，u_1 是输入模拟电压，其幅值在 $0\sim U_{REF}$ 之间，$D_2 D_1 D_0$ 是输出的 3 位二进制代码，CP 是控制时钟信号。

并行比较型
A/D 转换器

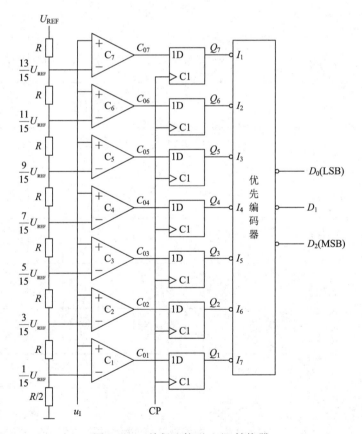

图 7-12 并行比较型 A/D 转换器

串联电阻对 U_{REF} 进行分压，从而得到从 $\dfrac{1}{15}U_{REF}\sim\dfrac{13}{15}U_{REF}$ 之间的七个比较电平，并把它们分别接到电压比较器 $C_1\sim C_7$ 反相输入端。输入模拟电压 u_1 接到每个电压比较器的同相输入端上，使之与七个比较电平进行比较。

寄存器由七个边沿 D 触发器构成，CP 上升沿触发，其输出送给编码器进行编码，编码器的输出就是转换结果——与输入模拟电压 u_1 相对应的 3 位二进制数。

2. 工作原理

当 $u_1<\dfrac{1}{15}U_{REF}$ 时，七个电压比较器输出全为 0，当 CP 到来后，触发器都被置成 0 状态。

当 $\dfrac{1}{15}U_{REF}\leqslant u_1<\dfrac{3}{15}U_{REF}$ 时，只有 C_1 输出为 1，当 CP 到来后，也只有触发器 Q_1 被置成 1 状态，其余触发器仍为 0 状态。

以此类推，列出 u_1 为不同电平时寄存器状态及相应的输出数字量，见表 7-1。

表 7-1　3 位并行 A/D 转换器输入与输出转换关系真值表

输入模拟电压 u_1	寄存器状态							输出数字量		
	Q_7	Q_6	Q_5	Q_4	Q_3	Q_2	Q_1	D_2	D_1	D_0
$0\leqslant u_1<\dfrac{1}{15}U_{REF}$	0	0	0	0	0	0	0	0	0	0
$\dfrac{1}{15}U_{REF}\leqslant u_1<\dfrac{3}{15}U_{REF}$	0	0	0	0	0	0	1	0	0	1
$\dfrac{3}{15}U_{REF}\leqslant u_1<\dfrac{5}{15}U_{REF}$	0	0	0	0	0	1	1	0	1	0
$\dfrac{5}{15}U_{REF}\leqslant u_1<\dfrac{7}{15}U_{REF}$	0	0	0	0	1	1	1	0	1	1
$\dfrac{7}{15}U_{REF}\leqslant u_1<\dfrac{9}{15}U_{REF}$	0	0	0	1	1	1	1	1	0	0
$\dfrac{9}{15}U_{REF}\leqslant u_1<\dfrac{11}{15}U_{REF}$	0	0	1	1	1	1	1	1	0	1
$\dfrac{11}{15}U_{REF}\leqslant u_1<\dfrac{13}{15}U_{REF}$	0	1	1	1	1	1	1	1	1	0
$\dfrac{13}{15}U_{REF}\leqslant u_1<1U_{REF}$	1	1	1	1	1	1	1	1	1	1

3. 主要特点

1）转换精度

并行比较型 A/D 转换器的转换精度主要取决于量化电平的划分，分得越细（Δ 越小），精度越高。当然，所用的电压比较器和触发器也越多，编码器的电路也越复杂。此外，转换精度还要受分压电阻的相对精度和电压比较器灵敏度的影响。

2）转换速度快

并行比较型 A/D 转换器的主要优点是转换速度快。其转换时间只受电压比较器、触发器和编码电路延迟时间限制，而且各位代码的转换几乎是同时进行的，增加输出代码位数对转换时间的影响较小。目前，单片集成的并行比较型 A/D 转换器，输出为 4 位和 6 位二进制数的产品，完成一次转换所用的时间在 10 ns 以内。

3）所用比较器和触发器多

并行比较型 A/D 转换器的主要缺点是要使用的电压比较器和触发器多，尤其是输出数字量位数较多时。由图 7-12 所示可以计算出，输出为 3 位二进制代码时，需要电压比较器和触发器的个数均为 $2^3-1=7$。显然，当输出为 n 位二进制数时，则需要 2^n 个分压电阻和 2^n-1 个电压比较器，所以，这种转换器适用于速度高、精度低的场合。

可见，并行转换电路的优点是速度较快，而且由于电路中比较器和 D 触发器同时兼有采样和保持功能，所以不需要采样保持电路；缺点是使用电压比较器数量较多，导致很难达到很高的转换精度。

7.3.3　逐次逼近型 A/D 转换器

逐次逼近型 A/D 转换器具有转换速度快、准确度高、成本低等优点，是使用最广泛的一种 A/D 转换器。为了便于理解这种转换器的工作过程，以天平测量物体质量为例。如图 7-13 所示，假设物件质量为 10 g，将 8 g、4 g、2 g、1 g（正好是 8421 的关系）的标准砝码从大到小依次加到托盘上。当砝码质量 m_0 小于物体质量 m_x（$m_x=$ 10 g），即 $\Delta=m_x-m_0>0$ 时，则保留该砝码；当 $\Delta<0$ 时，则取下该砝码，更换下一个砝码进行测量，直到 $\Delta=0$。测量过程中，将天平托

逐次逼近型
A/D 转换器

盘上保留的砝码称为"1"，没保留的砝码称为"0"，则称得该物体质量为 1（8 g 砝码）、0（4 g 砝码）、1（2 g 砝码）、0（1 g 砝码），即 $(1010)_2$。

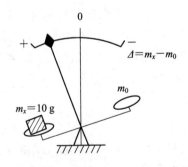

图 7-13　天平测量物体质量的示意图

逐次逼近型 A/D 转换器就是根据上述思想设计的，其原理图如图 7-14 所示。逐次逼近型 A/D 转换器由 D/A 转换器、电压比较器、逻辑控制、逐次逼近寄存器（SAR）及时钟等构成，其转换过程如下：

转换开始时，先将数据寄存器清零。当向 A/D 转换器发出一个启动信号脉冲后，在时钟信号作用下，逻辑控制器首先将 n 位逐次逼近寄存器最高位 D_{n-1} 置高电平 1，D_{n-1} 以下位均为低电平 0。这个数码经 D/A 转换器转换成模拟量 u_0 后，与输入的模拟信号 u_I 在比较器中进行比较。当 $u_I \geqslant u_0$，则将最高位的 1 保留，否则将该位置 0。接着逻辑控制器将逐次逼近寄存器次高位 D_{n-2} 置 1，并与最高位 D_{n-1}（D_{n-2} 以下位仍为低电平 0）一起进入 D/A

转换器，经 D/A 转换后的模拟量 u_O 再与模拟量 u_I 比较，以同样的方法确定这个 1 是否要保留。以此类推，直到最后一位 D_0 比较完毕为止。此时 n 位寄存器中的数字量，即为模拟量 u_I 所对应的数字量。当 A/D 转换结束后，由逻辑控制器发出一个转换结束信号，表明本次转换结束，可以读出数据。

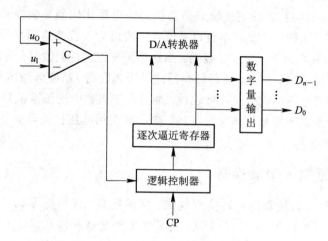

图 7-14　逐次逼近型 A/D 转换器原理图

7.3.4　双积分型 A/D 转换器

双积分型 A/D 转换器是一种间接 A/D 转换器。它是把输入的模拟电压先转换成一个中间变量，然后再对中间变量进行量化编码，最后得到转换结果。

双积分型 A/D
转换器

对输入模拟电压和参考电压分别进行两次积分，将输入电压平均值变换成与之成正比的时间间隔，然后利用时钟脉冲和计数器测出此时间间隔，进而得到相应的数字量输出。双积分型 A/D 转换器也称为电压-时间-数字式积分器，双积分型 A/D 转换器电路原理图如图 7-15 所示，主要由积分器、过零比较器、计数器和定时器以及时钟脉冲控制门等组成。

1. 电路组成

1）积分器

积分器是双积分型 A/D 转换器的核心部分，输入端接开关 S_1，S_1 则由定时信号 Q_n 控制，通过 S_1 控制积分器输入端电压接入输入电压 u_I 或参考电压 $-U_{REF}$，进行反向积分，积分时间常数为 $\tau = RC$。

2）过零比较器

过零比较器用来确定积分器输出电压 u_O 过零的时刻，当 $u_O \geq 0$ 时，比较器 C 输出 u_C 低电平，当 $u_O \leq 0$ 时，u_C 为高电平。u_C 作为时钟脉冲控制门 G 的开关门信号。

3）计数器和定时器

计数器电路由 n 个触发器 $FF_0 \sim FF_{n-1}$ 串联组成构成 n 级计数器，对输入时钟脉冲 CP 计数，把与输入电压平均值成正比的时间间隔转换为数字信号输出，当计到 2^n 个时钟脉冲时，触发器 $FF_0 \sim FF_{n-1}$ 均回到 0 态，而 FF_n 翻转到 1 态，即 $Q_n = 1$，S_1 接到 $-U_{REF}$。

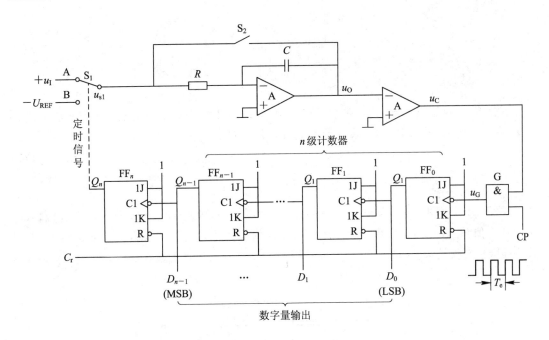

图 7-15　双积分型 A/D 转换器电路原理图

4）时钟脉冲控制门

时钟脉冲控制源周期 T_C 作为测量时间间隔的标准时间，当 $u_\mathrm{C}=1$ 时，时钟脉冲控制门 G 打开，时钟脉冲通过与门加到触发器 $\mathrm{FF_0}$ 的输入端，当 $u_\mathrm{C}=0$ 时，时钟脉冲控制门 G 关闭。

2. 工作原理

转换开始前，C_r 将计数器清零，开关 S_2 闭合，待积分电容放电完毕后，断开 S_2 使电容的初始电压为 0。整个转换过程分两个阶段进行。

第一阶段，开关 S_1 与 A 端相接，积分器开始对 u_1 积分。经 2^n 个 CP 脉冲后，开关切换到 B，第一次积分结束。第一次积分时间为 $2^n T_\mathrm{C}$，这段时间正好等于固定积分时间 T_1，积分电路从 0 V 开始对 u_1 积分，即

$$u_\mathrm{O} = -\frac{1}{\tau}\int_0^{T_1} u_1 \mathrm{d}t \tag{7-12}$$

第一阶段结束，积分器输出电压为 u_P，即

$$u_\mathrm{P} = -\frac{T_1}{\tau}U_1 = -\frac{2^n T_\mathrm{C}}{RC}U_\mathrm{I} \tag{7-13}$$

从式（7-13）可以看出，u_O 与 U_I 成正比，其斜率小于 0，如图 7-16 所示。因为 u_O 小于 0，所以过零比较器输出高电平，时钟脉冲控制门 G 开启，计数器在 CP 脉冲作用下开始从 0 计数，当经过时间 T_1 后，定时器输出高电平，使开关 S_1 与 B 端相接。

第二阶段，计数器由 0 开始计数，经过 T_2 时间，积分电路的输出电压为 0，过零比较器输出低电平，时钟脉冲控制门 G 关闭，计数器停止计数。同时，通过逻辑控制电路又使开关 S_1 与 A 端接通，重复第一阶段过程。在第二阶段结束时 $u_\mathrm{O}(t_2)$ 为

$$u_\mathrm{O}(t_2) = u_\mathrm{P} - \frac{1}{\tau}\int_{t_1}^{t_2}(-U_\mathrm{REF})\mathrm{d}t = 0 \tag{7-14}$$

由图 7-15 可知，$T_2 = t_2 - t_1$，于是有

$$\frac{U_{\text{REF}} T_2}{\tau} = \frac{2^n T_{\text{C}}}{\tau} U_{\text{I}} \tag{7-15}$$

$$T_2 = \frac{2^n T_{\text{C}}}{U_{\text{REF}}} U_{\text{I}} \tag{7-16}$$

可见 T_2 与 U_{I} 成正比，T_2 就是双积分型 A/D 转化过程的中间变量，这个阶段就是把 u_O 转换为成比例的时间间隔。设在此期间计数器累计的时钟脉冲个数为 λ，则有

$$T_2 = \lambda T_{\text{C}} \tag{7-17}$$

$$\lambda = \frac{T_2}{T_{\text{C}}} = \frac{2^n}{U_{\text{REF}}} U_{\text{I}} \tag{7-18}$$

式(7-18)表明，在计数器中所得的数 λ ($\lambda = Q_{n-1} \cdots Q_1 Q_0$)，与在取样时间 T_1 内输入电压的平均值 U_{I} 成正比。只要 $U_{\text{I}} < U_{\text{REF}}$，转换器就能将输入电压转换为数字量，并能够从计数器读取出转换结果，如果 $U_{\text{REF}} = 2^n$ V，则 $\lambda = U_{\text{I}}$，计数器所计的数在数值上等于被测电压。

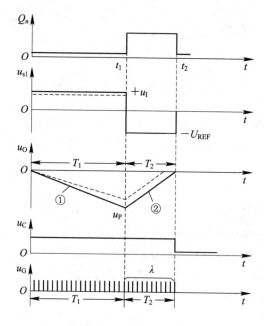

图 7-16　双积分型 A/D 转换器的工作波形

由于双积分型 A/D 转换器在 T_1 时间内采用的是输入电压的平均值，所以具有很强的抗工频干扰的能力。若两次积分过程中积分器时间常数相等，则转换结果与时间常数 RC 无关，从而消除了积分非线性带来的误差，对 RC 精度要求不高。此外，双积分型 A/D 转换器每次转换需要两次积分，故工作速度慢，但因其电路结构简单、转换精度高、抗干扰能力强，广泛用于数字仪表中。

7.3.5　集成 A/D 转换器

集成 ADC0809 是采用 CMOS 工艺制成的 8 位 8 通道逐次逼近型 A/D 转换器，它可同时接受 8 路模拟信号输入，共用一个 A/D 转换器，并由一个选通电路决定哪一路信号进行转换。

集成 A/D 转换器
和技术指标

1. ADC0809 内部结构组成

ADC0809 器件的核心部分是 8 位 A/D 转换器，其内部逻辑结构框图如图 7 - 17 所示，它由以下 4 个部分组成：

(1) 逻辑控制与时序部分，包括控制信号及内部时钟。

(2) 逐次逼近式寄存器。

(3) 电阻网络与树状电子开关（相当于 D/A 转换器）。

(4) 比较器。

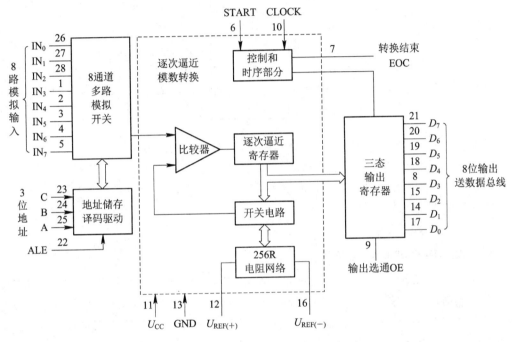

图 7 - 17   ADC0809 内部逻辑结构框图

2. ADC0809 引脚说明

如图 7 - 18 所示为 ADC0809 转换器的引脚结构图，各管脚的功能说明如下：

$IN_0 \sim IN_7$：8 路模拟输入端；

START：启动信号输入端，应在此脚施加正脉冲，当上升沿到达时，内部逐次逼近寄存器复位，在下降沿到达后，开始 A/D 转换过程；

EOC：转换结束输出信号（转换结束标志），开始转换时为低电平，当完成 A/D 转换时发出一个高电平信号，表示转换结束；

A、B、C：地址码输入线，即模拟通道选择器地址输入端，根据其值选择 8 路模拟信号中的一路进行 A/D 转换；

ALE：地址锁存信号，高电平有效，当 ALE＝1 时，通过 CBA 选择其中的一路，并将其代表的模拟信号接入 A/D 转换器之中；

$D_0 \sim D_7$：8 位数字量输出引脚；

$U_{REF(+)}$、$U_{REF(-)}$：基准电压端，提供 D/A 转换器权电阻的标准电平，一般 $U_{REF(+)}$ 端接 ＋5 V 电源，$U_{REF(-)}$ 端接地；

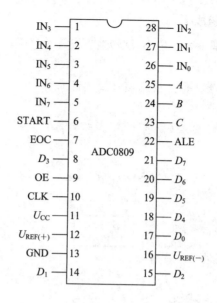

图 7-18　ADC0809 转换器的引脚结构图

OE：允许输出控制端，高电平有效，用以打开三态数据输出锁存器；

CLK：时钟信号输入端，外接时钟频率一般为 500 kHz；

U_{CC}：+5 V 电源；

GND：接地端。

3. 集成 ADC0809 的典型应用

ADC0809 广泛用于单片微型计算机应用系统中，可利用微机提供的 CP 脉冲接到 CLK 端，同时微机的输出信号对 ADC0809 的 START、ALE、A、B、C 端进行控制，选中 $IN_0 \sim IN_7$ 中的某一个模拟输入通道，并对输入的模拟信号进行模/数转换，通过三态寄存器的 $D_0 \sim D_7$ 端输出转换后的数字信号。

当然，ADC0809 也可以独立使用，连接电路如图 7-19 所示。OE、ALE 通过一限流电阻接 +5 V 电源，处于高电平有效状态。当 START 引脚施加正向触发脉冲后，ADC0809 便开始 A/D 转换过程。为了使集成电路连续工作在 A/D 转换状态，将 EOC 端连接到 START 端，这样，每次 A/D 转换结束时，EOC 端输出的高电平脉冲信号又施加到 START 端，提供了下一轮的 A/D 转换启动脉冲。

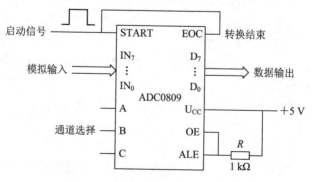

图 7-19　ADC0809 独立使用连接电路

IN$_0$～IN$_7$ 模拟输入通道的选择可通过改变 A、B、C 的状态而实现。例如，CBA＝000 时，则模拟信号通过 IN$_0$ 通道送入后进行 A/D 转换；CBA＝001 时，则模拟信号通过 IN$_1$ 通道送入后进行 A/D 转换；依次类推，CBA＝111 时，则模拟信号通过 IN$_7$ 通道送入后进行 A/D 转换。

7.3.6　A/D 转换器的主要技术指标

不同种类的 A/D 转换器其特性指标也不相同，选用时应根据具体电路的需要合理选择 A/D 转换器。

1. 转换精度

A/D 转换器通常用分辨率和相对精度描述转换精度。

（1）分辨率。分辨率是指输出数字量变化一个最低位所对应的输入模拟量需要变化的量。通常，以输出二进制数码的位数来表示 A/D 转换器对输入模拟信号的分辨能力，位数越多，量化阶梯越小，分辨率越高。

例如，输入的模拟电压满量程为 5 V，8 位 A/D 转换器可以分辨的最小模拟电压为 $5/2^8＝19.53$ mV；而 10 位 A/D 转换器可以分辨的最小模拟电压为 $5/2^{10}＝4.88$ mV。

（2）相对精度。相对精度是指实际的各个转换点偏离理想特性的误差，在理想情况下，所有的转换点应在同一直线上。

2. 输入模拟电压范围

A/D 转换器输入的模拟电压是可以改变的，但必须有一定范围。在这一范围内，A/D 转换器可以正常工作，否则将不能正常工作，具体可参阅不同型号 A/D 芯片的参考手册。

3. 转换时间

转换时间是指完成一次 A/D 转换所用的时间，即从接收转换信号开始，到输出端得到稳定的数字信号输出为止的这段时间。转换时间越短，说明转换速度越快。

7.4　实训——$3\frac{1}{2}$ 位直流数字电压表的设计

1. 设计要求

以 MC14433 A/D 转换器为核心设计一数码管显示的 $3\frac{1}{2}$ 位直流数字电压表。

2. $3\frac{1}{2}$ 位直流数字电压表的原理框图

$3\frac{1}{2}$ 位直流数字电压表的核心器件是 MC14433，它是一个双积分型 A/D 转换器。首先将输入的模拟电压信号变换成易于准确测量的时间量，然后在这个时间宽度里用计数器计时，计数结果就是正比于输入模拟电压的数字量。其显示时采用动态扫描（工作时 4 位数码管轮流点亮，利用人眼视觉惰性，当扫描频率较高时就能够得到显示的整体效果，当扫描频率过低时显示的数码会有闪烁感）方式。采用这种方式较为省电，但需要字形译码驱动电路和字位驱动电路。该电压表的原理框图如图 7-20 所示。

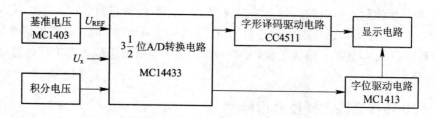

图 7 - 20 $3\frac{1}{2}$ 位直流数字电压表的原理框图

3. 主要元器件介绍

1）MC14433 A/D 转换器

MC14433 是美国 Motorola 公司推出的 CMOS 双积分 $3\frac{1}{2}$ 位 A/D 转换器（$3\frac{1}{2}$ 位是指个位、十位、百位的显示范围为 0～9；而千位只有 0 和 1 两个状态，因此称该位为半位）。其内部积分器部分的模拟电路和控制部分的数字电路被集成在同一芯片上，使用时只需外接两个电阻和两个电容，即可组成具有自动调零和自动极性切换功能的 A/D 转换器系统。

MC14433 引脚功能如图 7 - 21 所示。

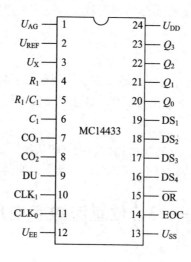

图 7 - 21 MC14433 引脚功能

①脚（U_{AG}）：被测电压 u_X 和基准电压 U_{REF} 的参考地；

②脚（U_{REF}）：外接基准电压（2 V 或 200 mV）输入端；

③脚（U_X）：被测电压输入端；

④脚（R_1）：外接积分阻容元件端；

⑤脚（R_1/C_1）：外接积分阻容元件端；

⑥脚（C_1）：外接积分阻容元件端；

⑦脚（CO_1）：外接失调补偿电容端，典型值为 0.1 μF；

⑧脚（CO_2）：外接失调补偿电容端，典型值为 0.1 μF；

⑨脚（DU）：更新显示控制端，用来控制转换结果的输出；若与 EOC 端（⑭脚）连接，

则每次 A / D 转换均会显示;

⑩⑪脚(CLK₁、CLK₀):时钟脉冲输入、输出端,通过在⑩脚和⑪脚之间外接电阻可调节时钟信号频率,通常外接一个 300 kΩ 左右的电阻,也可以从外部输入脉冲(从 CLK₁ 端接入);

⑫脚(U_{EE}):电路的电源负端,接−5 V;

⑬脚(U_{SS}):除 CP 外所有输入端的低电平基准(通常与①脚连接);

⑭脚(EOC):转换周期结束标记输出端,每一次 A/D 转换周期结束,EOC 端输出一个正脉冲。将 EOC 端接到 DU 端,那么输出的将是每次转换后的新结果;

⑮脚($\overline{OR}$):过量程标志输出端,通常为高电平,当 $|u_X|>U_{REF}$ 时,输出为低电平(即溢出时为 0);

⑯脚(DS_4):多路选通脉冲输入端,DS_4 对应于个位;

⑰脚(DS_3):多路选通脉冲输入端,DS_3 对应于十位;

⑱脚(DS_2):多路选通脉冲输入端,DS_2 对应于百位;

⑲脚(DS_1):多路选通脉冲输入端,DS_1 对应于千位;

⑳~㉓脚($Q_0 \sim Q_3$):BCD 码数据输出端,DS_2、DS_3、DS_4 选通脉冲期间,输出三位完整的十进制数;在 DS_1 选通脉冲期间,输出千位 0 或 1 及过量程、欠量程和被测电压极性标志信号。DS_1 有效时输出的千位数据的含义如下:Q_3 位表示千位,如 $Q_3=1$,则千位为 0,如 $Q_3=0$,则千位为 1;Q_2 位表示极性,$Q_2=1$ 表示输入电压为正,反之为负;Q_0 位表示超出量程范围,$Q_0=1$ 时为欠量程,$Q_0=0$ 时为过量程。

㉔脚(U_{DD}):正电源电压端,若 $U_{SS}=U_{AG}$,则输出幅度为 $U_{AG}\sim U_{DD}$;若 $U_{SS}=U_{EE}$,则输出幅度为 $U_{EE}\sim U_{DD}$。

MC14433 具有外接元件少、输入阻抗高、功耗低、电源电压范围宽、精度高、可测量正负电压值等特点,并且具有自动调零和自动极性转换功能,只要外接少量的阻容件,即可构成一个完整且调试简便的 A/D 转换器电路。其主要功能特性如下:

• 精度:(读数的±0.05%)±1 字。
• 模拟电压输入量程:1.999 V 和 199.9 mV 两挡。
• 转换速率:2~ 25 次/s。
• 输入阻抗:1000 MΩ。
• 电源电压:±4.8~±8 V。
• 功耗:8 mW(±5 V 电源电压时,典型值)。
• 采用字位动态扫描 BCD 码输出方式,即千位、百位、十位、个位 BCD 码分时在 $Q_3 \sim Q_0$ 端轮流输出,同时在 $DS_1 \sim DS_4$ 端输出同步字位选通脉冲,方便实现 LED 的动态显示。

MC14433 主要用于数字面板表、数字万用表、数字温度计、数字量具、遥测遥控系统及计算机数据采集系统的 A/D 转换接口中。

2) 精密基准电源 MC1403

A/D 转换需要外接标准电压源作参考电压。标准电压源的精度应当高于 A/D 转换器的精度。本电路采用 MC1403 集成精密稳压源作参考电压,MC1403 的输出电压为 2.5 V,当输入电压在 4.5~15 V 范围内变化时,输出电压的变化不超过 3 mV,一般在 0.6 mV 左右。输出最大电流为 10 mA。MC1403 引脚排列如图 7-22 所示。

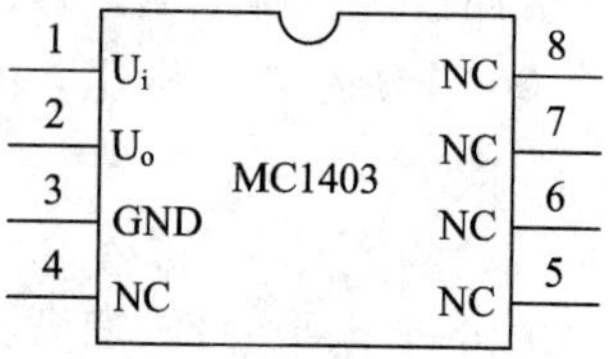

图 7-22 MC1403 引脚排列

3）七路达林顿晶体管列阵 MC1413

MC1413 是由 7 个 NPN 达林顿管组成的反相驱动器，内含有 7 个集电极开路反相器（也称 OC 门），每一对达林顿管都串联一个 2.7 kΩ 的基极电阻，有很高的电流增益和很高的输入阻抗，在 5V 工作电压下能与 TTL 和 CMOS 电路直接相连，并把电压信号转换成足够大的电流信号驱动各种负载。MC1413 和引脚排列如图 7-23 所示，为 16 引脚的双列直插式封装，每个驱动器输出端均接有一释放电感负载能量的抑制二极管。

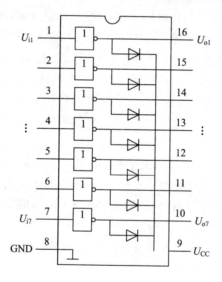

图 7-23 MC1413 引脚排列图

4）七段译码/显示驱动器 CC4511

CC4511 是一种 BCD 码锁存/七段译码/显示驱动器，用于驱动共阴极 LED 数码管显示器，具有 BCD 码转换、消隐和锁存控制、七段译码及驱动功能，能提供较大的拉电流，可直接驱动 LED 显示器，其引脚图如 7-24 所示。其中，⑦脚、①脚、②脚、⑥脚分别为 $A(A_0)$、$B(A_1)$、$C(A_2)$、$D(A_3)$，为二进制数据输入端；⑤脚、④脚、③脚分别为 LE、$\overline{BI}$、$\overline{LT}$，LE 为数据锁定控制端，$\overline{BI}$ 为输出消隐控制端，$\overline{LT}$ 为灯测试端；⑬、⑫、⑪、⑩、⑨、⑮、⑭脚分别依次表示 $Y_a \sim Y_g$ 七段数据输出端；⑧脚和⑯脚分别表示 U_{SS}、U_{DD}。CC4511 的工作真值表如表 7-2 所示。

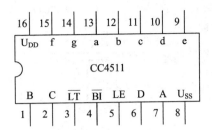

图 7-24 CC4511 引脚排列图

表 7-2 CC4511 的工作真值表

输　入							输　出							
LE	$\overline{BI}$	$\overline{LT}$	A_3	A_2	A_1	A_0	Y_a	Y_b	Y_c	Y_d	Y_e	Y_f	Y_g	显示字形
×	×	0	×	×	×	×	1	1	1	1	1	1	1	8
×	0	1	×	×	×	×	0	0	0	0	0	0	0	消隐
0	1	1	0	0	0	0	1	1	1	1	1	1	0	0
0	1	1	0	0	0	1	0	1	1	0	0	0	0	1
0	1	1	0	0	1	0	1	1	0	1	1	0	1	2
0	1	1	0	0	1	1	1	1	1	1	0	0	1	3
0	1	1	0	1	0	0	0	1	1	0	0	1	1	4
0	1	1	0	1	0	1	1	0	1	1	0	1	1	5
0	1	1	0	1	1	0	1	0	1	1	1	1	1	6
0	1	1	0	1	1	1	1	1	1	0	0	0	0	7
0	1	1	1	0	0	0	1	1	1	1	1	1	1	8
0	1	1	1	0	0	1	1	1	1	0	0	1	1	9
0	1	1	1	0	1	0	0	0	0	0	0	0	0	消隐
0	1	1	1	0	1	1	0	0	0	0	0	0	0	消隐
0	1	1	1	1	0	0	0	0	0	0	0	0	0	消隐
0	1	1	1	1	0	1	0	0	0	0	0	0	0	消隐
0	1	1	1	1	1	0	0	0	0	0	0	0	0	消隐
0	1	1	1	1	1	1	0	0	0	0	0	0	0	消隐
1	1	1	×	×	×	×	锁存							锁存

由 CC4511 构成的数字显示电路如图 7-25 所示，图中 BS201 为共阴极 LED 数码管，电阻用于限制 CC4511 的输出电流大小，它决定 LED 的工作电流大小，从而调节 LED 发光亮度，电阻 R 值由下式决定：

$$R = \frac{U_{OH} - U_D}{I_D}\qquad(7-19)$$

式中，U_{OH} 为 CC4511 输出的高电平（$\approx U_{DD}$），U_D 为 LED 的正向工作电压（1.5～2.5 V），I_D 为 LED 的笔画电流（5～10 mA）。

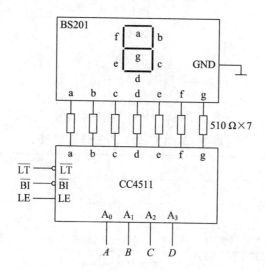

图 7 - 25　CC4511 组成的基本数字显示电路

4. 设计与制作

1）制作目的

（1）掌握双积分型 A/D 转换器的工作原理。

（2）熟悉 $3\frac{1}{2}$ 位 A/D 转换器 MC14433 的工作特点、原理框图及其引脚功能。

（3）掌握由 MC14433 构成的直流数字电压表的电路原理及其制作、调试方法。

2）电路原理图

$3\frac{1}{2}$ 位直流数字电压表的制作电路如图 7 - 26 所示。

3）制作设备及器件

±5 V 直流电源，双踪示波器，标准数字万用表，万能板及制作元器件套件。

本 章 小 结

（1）D/A 转换是将输入的数字量转换为与之成正比的模拟电量。常用的 D/A 转换器主要有权电阻网络 D/A 转换器、倒 T 形电阻网络 D/A 转换器等。其中，倒 T 形电阻网络 D/A 转换器转换速度快，性能好，因而被广泛采用。

（2）A/D 转换是将输入的模拟电压转换为与之成正比的数字量。常用 A/D 转换器主要有并行比较型、逐次逼近型和双积分型。其中，并行比较型 A/D 转换器属于直接转换型，其转换速度最快，但价格贵；双积分型 A/D 转换器属于间接转换型，其速度慢，但精度高、抗干扰能力强；逐次逼近型 A/D 转换器也属于直接转换型，其速度较快、精度较高、价格适中，因而被广泛采用。

（3）A/D 转换要经过采样-保持和量化与编码实现。采样-保持电路对输入模拟信号抽

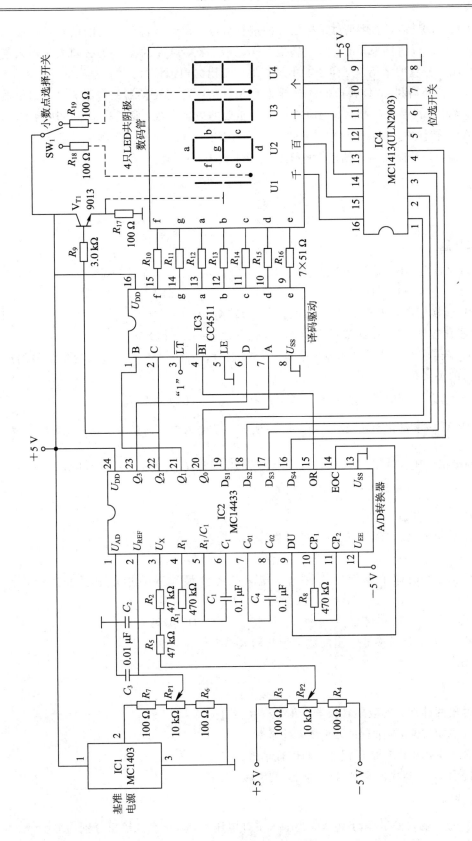

图7-26 $3\dfrac{1}{2}$ 位直流数字电压表的制作电路

取样值,并展宽(保持)。量化是对采样值脉冲进行分级。编码是将分级后的信号转换成二进制代码。在对模拟信号采样时,必须满足采样定理:采样脉冲的频率 f 必须大于输入模拟信号最高频率分量的 2 倍。这样才能不失真地恢复出原模拟信号。

(4) D/A 转换器和 A/D 转换器的分辨率和相对精度都与转换器的位数有关,即位数越多,分辨率和转换精度越高。基准电压 U_{REF} 是重要的应用参数,要理解基准电压的作用,尤其是在 A/D 转换中,U_{REF} 值对量化误差、分辨率都有影响。一般应按器件手册给出的范围确定 U_{REF} 值,并且保证输入的模拟电压最大值不大于 U_{REF} 值。

习 题 7

一、选择题

1. 并行比较型 ADC 输出 10 位二进制代码,则需要( )个比较器。
A. 1024　　　　B. 1023　　　　C. 511　　　　D. 512

2. A/D 转换器中,转换速度最高的为( )转换。
A. 并联比较型　B. 逐次逼近型　C. 双积分型　D. 计数型

3. 为使采样输出信号不失真地代表输入模拟信号,采样频率 f 和输入模拟信号的最高频率 f_{Imax} 的关系是( )。
A. $f_s \geqslant f_{Imax}$　　B. $f_s \leqslant f_{Imax}$　　C. $f_s \geqslant 2f_{Imax}$　　D. $f_s \leqslant 2f_{Imax}$

4. 若某 ADC 取量化单位 $\Delta = \frac{1}{8}U_{REF}$,并规定对于输入电压 u_I,在 $0 \leqslant u_I < \frac{1}{8}U_{REF}$ 时,认为输入的模拟电压为 0 V,输出的二进制数为 000,则 $\frac{5}{8}U_{REF} \leqslant u_I < \frac{6}{8}U_{REF}$ 时,输出的二进制数为( )。
A. 001　　　　B. 101　　　　C. 110　　　　D. 111

5. 用二进制码表示指定离散电平的过程称为( )。
A. 采样　　　　B. 量化　　　　C. 保持　　　　D. 编码

6. 将幅值上、时间上离散的阶梯电平统一归并到最邻近的指定电平的过程称为( )。
A. 采样　　　　B. 量化　　　　C. 保持　　　　　D. 编码

7. 双积分型 A/D 转换器输出的数字量与输入模拟量的关系为( )。
A. 正比　　　　B. 反比　　　　C. 平方　　　　D. 无关

二、简答题

1. 试说出两种常见的数模转换器,并分析其各自的特点。

2. 一般 ADC 的转换过程的步骤有哪些?

3. 什么是量化单位和量化误差,如何减小量化误差?

4. 试说明 D/A 转换器和 A/D 转换器分辨率的含义。

三、计算题

1. 8 位 A/D 输入满量程为 10 V,当输入下列电压时,数字量的输出分别为多少?

(1) 3.5 V；(2) 7.08 V；(3) 5.97 V。

2. 某 ADC 要求 10 位二进制数能代表 $0\sim50$ V，求该二进制数最低位代表的电压值。

3. 如图 7 - 27 所示 4 位权电阻网络 DAC，如果 $U_{REF}=5$ V，$R_f=\dfrac{R}{2}$，输入 $D=D_3D_2D_1D_0=0101$，求 u_O 的值。

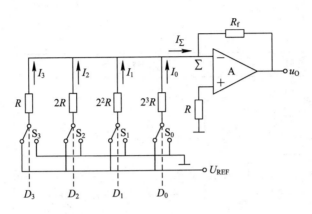

图 7 - 27 题图

4. 在 4 位逐次逼近型模数转换器中，如果 D/A 转换器的基准电压 $U_{REF}=10$ V，输入模拟电压为 $u_i=6.92$ V，求最后转换结果。

5. 8 位 D/A 转换器，若基准电压 $U_{REF}=5$ V，计算其最大输出电压值。

附录 I　常用基本逻辑单元国际符号与非国际符号对照表

电路类型	国标符号	非国标符号		说　明
与门				$Y = ABC$
或门				$Y = A + B + C$
非门				$Y = \overline{A}$
与非门				$Y = \overline{ABC}$
与非驱动器				$Y = \overline{AB}$符号 ▷ 表示具有放大能力
或非门				$Y = \overline{A + B + C}$
异或门				$Y = \overline{A}B + A\overline{B} = A \oplus B$
同或门				$Y = \overline{A}\ \overline{B} + AB = A \odot B$

续表一

电路类型	国标符号	非国标符号	说　明
与非门（三态输出）			符号▽表示三态 $\begin{cases}当 C=1，Y_1=\overline{AB} \\ 当 C=0，Y_1 为高阻\end{cases}$ $\begin{cases}当 C=0，Y_1=\overline{AB} \\ 当 C=1，Y_1 为高阻\end{cases}$
与非门（OC）			符号◇表示开路输出（L 型），如 NPN 开集电极，N 沟道开漏极等
与或非门			$Y=\overline{AB+CD}$
与或非门（可扩展）			X，$\overline{X}$ 为扩展输入，国标符号用 E 标注
与或扩展器			X，$\overline{X}$ 为扩展输入，国标符号用 E 标注
RS 触发器			高电平触发
D 触发器			上升沿触发

电路类型	国标符号	非国标符号	说　　明
D 触发器（带预置或清除）			上升沿触发 S 为异步置位端 R 为异步清除端
JK 触发器（带预置或清除）			下降沿触发
JK 触发器（多端 JK 输入）			上升沿触发
半加器			
全加器			

附录Ⅱ　半导体集成电路型号命名方法

1. 国标(GB 3430－89)集成电路命名法

集成电路器件型号由 5 个部分组成,其符号及意义如下:

第一部分:表示中国制造	第二部分:表示集成电路的类型		第三部分:表示集成电路系列和代号	第四部分:表示集成电路工作温度范围		第五部分:表示电路的封装形式	
	字母	含义		字母	含义	字母	含义
用字母 C 表示中国制造	T	TTL 电路	用数字或数字与字母混合表示集成电路的序号, 其中 TTL 分为 54/74XXX, 54/74HXXX, 54/74LXXX, 54/74SXXX, 54/74LSXXX, 54/74ASXXX, 54/74ALSXXX, 54/74FXXX, 54/74XXX; CMOS 分为 4000 系列, 54/74HCXXX, 54/74HCTXXX	C	0℃～70℃	F	多层陶瓷扁平
	H	HTTL 电路		G	－25℃～70℃	B	塑料扁平
	E	ECL 电路		L	－25℃～85℃	H	黑陶扁平
	C	CMOS 电路		E	－40℃～85℃	D	多层陶瓷双列直插
	M	存储器		R	－55℃～85℃	J	黑陶双列直插
	U	微型机电路		M	－55℃～125℃	P	塑料双列直插
	F	线性放大器				S	塑料单列直插
	W	稳压器				T	金属圆壳
	D	音响、电视电路				K	金属菱形
	B	非线性电路				C	陶瓷芯片载体
	J	接口电路				E	塑料芯片载体
	AD	A/D 转换器				G	网格阵列
	DA	D/A 转换器					
	SC	通信专用电路					
	SS	敏感电路					
	SW	钟表电路					
	SJ	机电仪电路					
	SF	复印机电路					

示例1：

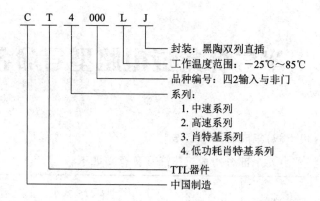

示例2：

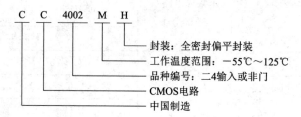

2. 54/74 系列集成电路器件型号命名

54/74 系列集成器件是美国得克萨斯仪器公司（Texas）生产的 TTL 标准系列。

示例3：

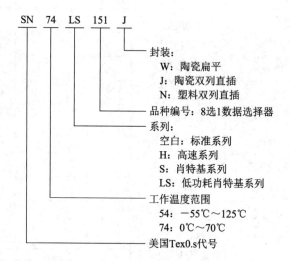

3. 国外 CMOS 集成电路注意生产公司和产品型号前缀

公司名：	器件型号前缀：
美国无线电公司	CD……
摩托罗拉公司	MC……
国家半导体公司	CD……
仙童公司	F……

得克萨斯仪器公司	TP……
日本东芝公司	TC……
日本电气公司	PD……
日立公司	HD……
富士通公司	MB……
荷兰菲利浦公司	HFE……
加拿大密特尔公司	MD……

附录Ⅲ　常用TTL中小规模集成

电路产品型号索引

索引号	名称	国内型号	国外型号
00	四2输入与非门	CT2000，T1000 T2000，CT3000 CT4000，CT54/74 F00，CT1000	SN54/74LS00 74ALS00A 74AS00 74S00 74H00 74HC00 74L00
01 03	四2输入与非门(OC)	CT1001，T3003 T1003， T2001 T066，T096 CT2001，CT4001 CT1003，CT4003	SN54/74S01 74ALS01 7401 74H01 74ALS03B
02	四2输入或非门	CT4002 T3002 CT1002， CT54/74 F02 T1002 CT3002	SN54/74LS02 74ALS02 74AS02 74S02 7402 74L02
04	六反相器	CT1004 T112 T1004 CT2004 T3004	SN54/74LS04 74ALS04 74ALS04B 74S04 74HC04 74L04

续表一

索引号	名称	国内型号	国外型号
05	六反相器(OC)	CT1005 T2005 T3005 CT2005 T1005 CT4005	SN54/74LS05 74ALS05 74ALS05A 74S05 7405 74HC05
06 16	六反相缓冲器/ 驱动器(OC)	CT1006 T1006 CT1016 T1016	SN54/7405 7416
07 17	六缓冲器/驱动器(OC)	CT1007 T1007 CT1017 T1017	SN54/7407 7417
08	四 2 输入与门	CT3008，T3008 CT1008，CT4008 CT54/74 F08	SN54/74LS08 74ALS08，74AS08 74S08，7408 74HC08
09	四 2 输入与门(OC)	CT1009，T3009 CT3009，T1009 CT4009	SN54/74LS09　74ALS09， 74S09 7409，74HC09
10	三 3 输入与非门	CT2010，T2010 T3010，CT3010 T1010，CT74F10 CT4010	SN54/74LS10 74ALS10，74AS10 74S10， 7410 74HC10，74H10
13	双 4 输入与非门(施密 特触发器)	CT1013，T1013 CT4013	SN54/74LS13 7413
14	六反相器(施密特触发器)	CT1014，T1014 CT4014，CT54/74 F14	SN54/74LS14 7414，74HC14

索引号	名称	国内型号	国外型号
20	双 4 输入与非门	CT2020，T1020 T2093CT3020 CT4020，CT3092 CT1020	SN54/74LS20 74ALS20A， 74H20 74HC20，74L20
21	双 4 输入与门	CT1021，T2021 T3021，CT1021 CT2021 CT4021	SN54/74LS21 74H21 74C21
22	双 4 输入与非门（OC）	T3022，CT1022 T1022，T2022 CT2022 CT3022	SN54/74LS22　74ALS22A 74S22
23	可扩展的双 4 输入或非门（带选通端）	CT1023	SN54/7423
24	四 2 输入与非门（施密特触发器）	SN54/74LS24	
25	双 4 输入或非门（有选通）	T1025，CT1025	SN54/74LS25
27	三 3 输入或非门	CT4027，CT1027 T1027	SN54/74LS27　74ALS27 7427
30	8 输入与非门	CT1030，T1030 T2030，CT3030 CT2030， CT4030 CT3030	SN54/74LS30　74ALS30， 74AS30 74S30，74HC30 74H30

附录Ⅳ 常用集成电路引脚排列

1. 74LS 系列

（1）74LS00（四 2 输入与非门）

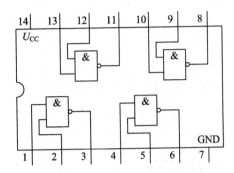

（2）74LS86（四 2 输入异或门）

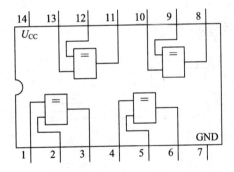

（3）74LS03（四 2 输入 OC 与非门）

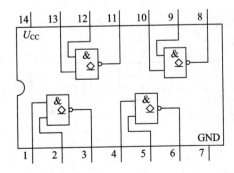

（4）74LS04（六反相器）

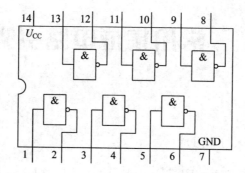

（5）74LS08（四2输入与门）

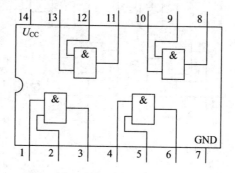

（6）74LS20（双四输入与非门）

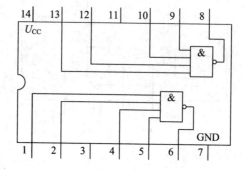

（7）74LS32（四2输入或门）

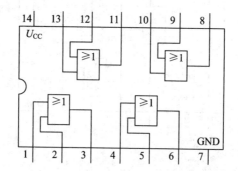

(8) 74LS54(四路 2 - 3 - 3 - 2 输入与或非门)

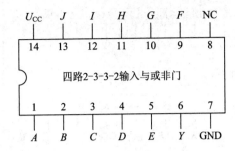

(9) 74LS74(双 D 触发器)

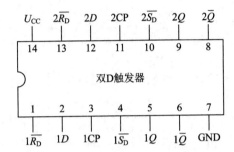

(10)74LS02(四 2 输入或非门)

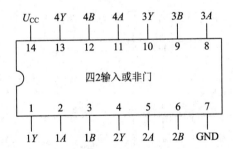

(11) 74LS90(二-五-十进制异步加法计数器)

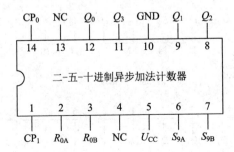

（12）74LS112（双 JK 触发器）

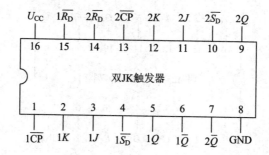

（13）74LS125（三态输出四总线缓冲器）

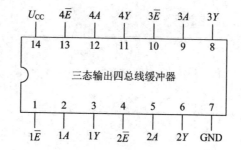

（14）74LS138（3 线-8 线译码器）

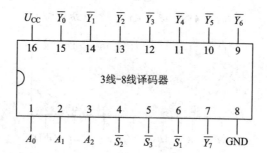

（15）74LS151（八选一数据选择器）

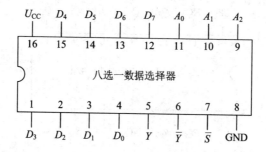

（16）74LS153（双四选一数据选择器）

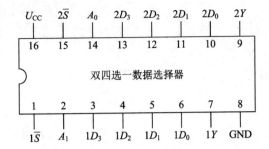

（17）74LS175（四 D 触发器）

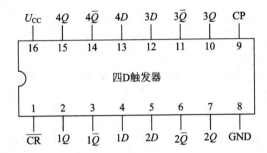

（18）74LS192（同步十进制双时钟可逆计数器）

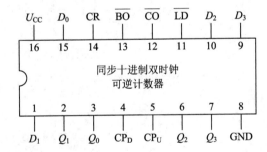

（19）74LS193（二进制可预置数加/减计数器）

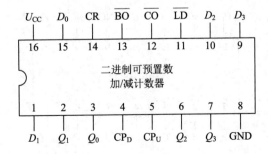

(20) 74LS194(4 位双向移位寄存器)

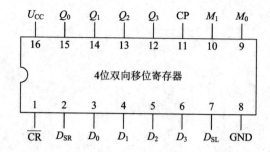

(21) 74LS161(4 位二进制同步计数器)

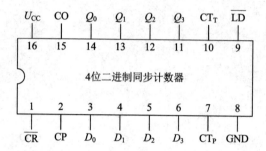

(22) 74LS148(8 线-3 线优先编码器)

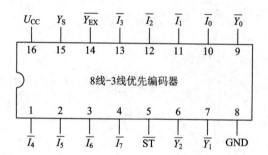

(23) 74LS30(8 输入与非门)

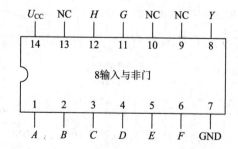

2. CC4000 系列

（1）CC4001（四 2 输入或非门）

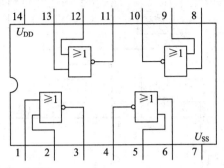

（2）CC4011（四 2 输入与非门）

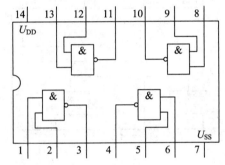

（3）CC4012（双四输入与非门）

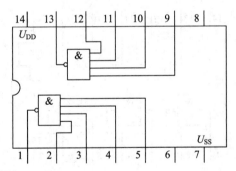

（4）CC4030（四异或门）

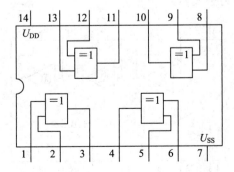

（5）CC4071（四2输入或门）

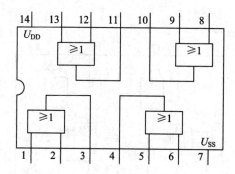

（6）CC4081（四2输与门）

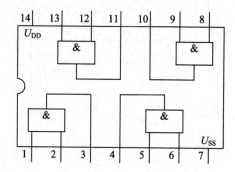

（7）CC4069（六反相器）

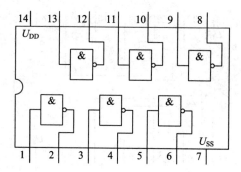

（8）CC40106（六施密特触发器）

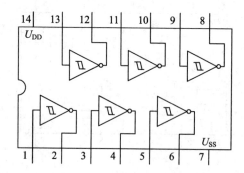

（9）CC4027（双 JK 触发器）

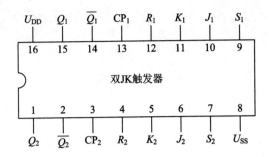

（10）CC4013（双 D 触发器）

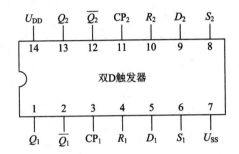

（11）CC4042（四 D 锁存器）

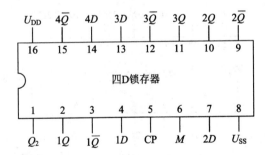

（12）CC4068（8 输入与非门/与门）

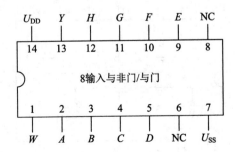

（13）CC4020（14 级二进制计数器）

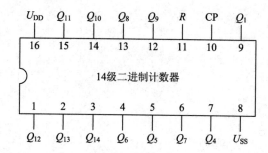

（14）CC4082（双 4 输入与门）

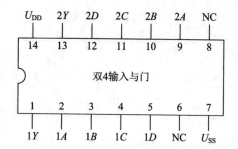

（15）CC4085（双 2－2 输入与或非门）

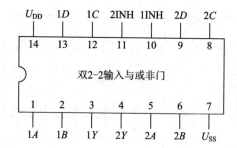

（16）CC4093（施密特触发器）

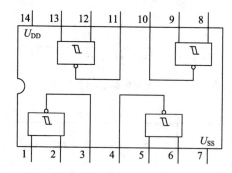

（17）CC4098（双单稳态触发器）

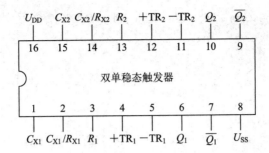

（18）CC40194（4 位双向移位寄存器）

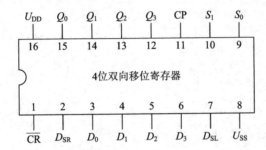

3. CC4500 系列

（1）CC4511（BCD 码锁存 7 段译码器）

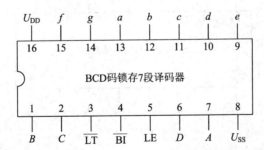

（2）CC4514（4 线-16 线译码器）

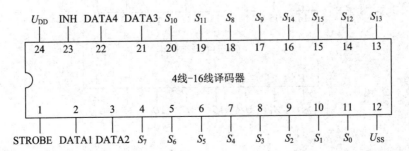

（3）CC4518（双十进制同步计数器）

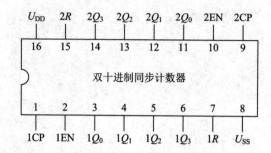

（4）CC4553（3 位十进制计数器）

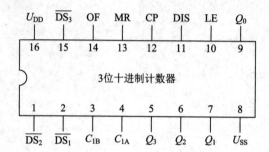

（5）CC14512（八选一数据选择器）

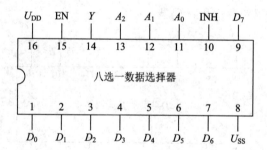

（6）CC14539（双 4 选 1 数据选择器）

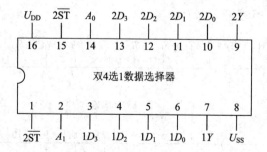

4. 其他常用集成电路

（1）DAC0832（8 位数/模转换器）

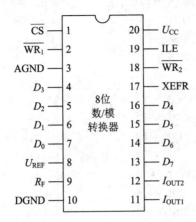

（2）ADC0809（8 路 8 位模/数转换器）

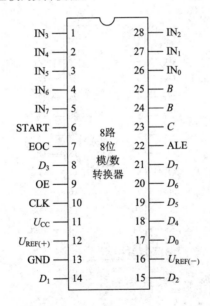

（3）LM324（四运算放大器）

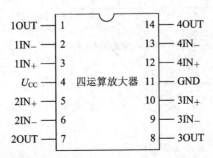

（4）555 时基电路

（5）NE556（双定时器）

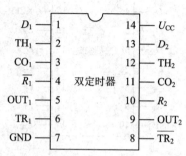

（6）MC14433（$3\frac{1}{2}$ 双积分 A/D 转换器）

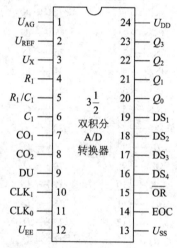

（7）CC7107（$3\frac{1}{2}$ BCD 码 A/D 转换器）

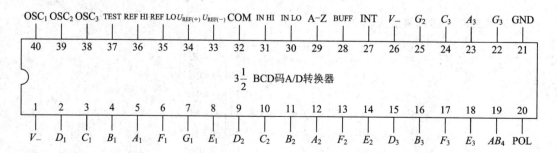

参 考 答 案

习题 1 参考答案

习题 2 参考答案

习题 3 参考答案

习题 4 参考答案

习题 5 参考答案

习题 6 参考答案

习题 7 参考答案

参 考 文 献

[1] 郭宏，武国财. 数字电子技术及应用教程[M]. 北京：人民邮电出版社，2010.

[2] 邹虹. 数字电路与逻辑设计[M]. 北京：人民邮电出版社，2008.

[3] 付植桐. 电子技术[M]. 5版. 北京：高等教育出版社，2016.

[4] 朱清慧，张凤蕊，翟天嵩等. Proteus教程：电子线路设计、制版与仿真[M]. 3版. 北京：清华大学出版社，2016.

[5] 寇戈，蒋立平. 模拟电路与数字电路[M]. 4版. 北京：电子工业出版社，2019.

[6] 韦鸿，刘高潮. 数字电子技术[M]. 北京：北京理工大学出版社，2009.

[7] 康华光. 电子技术基础数字部分[M]. 5版. 北京：高等教育出版社，2006.

[8] 邱寄帆. 数字电子技术[M]. 北京：高等教育出版社，2015.

[9] 周忠. 数字电子技术[M]. 北京：人民邮电出版社，2012.

[10] 阎石. 数字电子技术基础[M]. 6版. 北京：高等教育出版社，2016.

[11] 黄建文，章鸣嫒. 现代数字电路基础[M]. 北京：机械工业出版社，2010.

[12] 贾立新. 数字电路[M]. 3版. 北京：电子工业出版社，2017.